电力废弃物资源化及无害化应用技术丛书

退运铅酸蓄电池活化与再利用

赵光金　何　睦　王放放　赵玉才
胡玉霞　席胧柯　赵玉富　编著

中国电力出版社
CHINA ELECTRIC POWER PRESS

内 容 提 要

铅蓄电池是重要的能源存储载体之一，作为直流电源在多个行业应用日益广泛，作用不可替代。铅蓄电池组是变电站直流电源的核心，关系着整个变电站安全稳定运行。

本书是以过去多年工作中开发出的退运铅酸蓄电池修复技术为切入点，系统介绍了变电站铅酸蓄电池的运行特性、退运铅酸蓄电池的性能特性、蓄电池物理及化学修复技术、蓄电池修复仪、化学活化剂等蓄电池修复流程、再利用技术。

本书可供从事变电站、通信基站、数据机房等运行、维护、检修，以及电池修复管理人员和技术人员学习阅读，也可供高等院校和职业技术院校相关专业的师生参考使用。

图书在版编目（CIP）数据

退运铅酸蓄电池活化与再利用 / 赵光金等编著. —北京：中国电力出版社，2023.3
（电力废弃物资源化及无害化应用技术丛书）
ISBN 978-7-5198-7184-0

Ⅰ．①退… Ⅱ．①赵… Ⅲ．①铅蓄电池–活化②铅蓄电池–利用 Ⅳ．①TM912.1

中国版本图书馆 CIP 数据核字（2022）第 211630 号

出版发行：中国电力出版社
地　　址：北京市东城区北京站西街 19 号（邮政编码 100005）
网　　址：http://www.cepp.sgcc.com.cn
责任编辑：孙　芳　张　妍
责任校对：黄　蓓　常燕昆
装帧设计：赵姗姗
责任印制：吴　迪

印　　刷：三河市万龙印装有限公司
版　　次：2023 年 3 月第一版
印　　次：2023 年 3 月北京第一次印刷
开　　本：787 毫米×1092 毫米　16 开本
印　　张：8
字　　数：195 千字
印　　数：0001—1000 册
定　　价：60.00 元

前言

　　铅蓄电池是最重要的能源存储载体之一，作为直流电源在多个行业应用日益广泛，作用不可代替。铅蓄电池组是变电站直流电源的核心，关系着整个变电站安全稳定运行。但铅蓄电池不可避免地存在因使用和维护不当引起的性能加速衰减，导致其可靠性下降，过早退运或报废，寿命远低于其设计值，不仅造成极大的资源浪费和经济损失，也会对生态环境造成潜在的危害，因此开展废旧铅蓄电池复原与再利用研究具有很重要的实际意义。

　　近年来，变电站使用的铅蓄电池经过大量检测，发现铅蓄电池的使用时间普遍低于出厂设计使用寿命。为了发现导致铅蓄电池寿命缩短的原因及相关因素，国家电网有限公司电网废弃物资源化处理技术实验室组织河南电网对变电站使用的铅蓄电池日常充放电及运行维护等情况，进行了长期的跟踪调查和研究，总结了铅蓄电池失效的内外因素，并建立了退运铅蓄电池分级评价规范，开发了失效铅蓄电池的复原技术等。

　　本书共分为6章，第1章介绍了铅蓄电池基础知识，主要包括铅蓄电池工作原理、结构、相关技术指标、产业发展简史及现状概述。

　　第2章，介绍了针对目前电力系统大量使用的阀控式铅蓄电池的应用情况，包括阀控式铅蓄电池特点及应用现状，特别是电力系统的应用现状，在日常运行中存在的问题，并提出了规范的运行维护措施。

　　第3章，介绍了退运电池评价分级技术相关内容，包括铅蓄电池失效的内外因素、评价指标、分级规范等。

　　第4章，介绍了失效电池复原机理相关内容，包括失效的原因及可修复性。

　　第5章，介绍了失效电池的复原技术、方法、实施方案、应用实例等。

　　第6章，介绍了修复后再利用技术、效果验证及其他应用领域情况。

　　限于编者水平，加之时间仓促，书中难免存在不妥之处，希望各位专家和读者批评指正，以便修订时改进完善。

在本书的编写过程中，得到了国家电网有限公司电网废弃物资源化处理技术实验室、武汉大学、国网南阳供电公司、国网信阳供电公司、河南九域恩湃电力技术有限公司等单位的支持与帮助，在此表示深深的感谢！

编　者
2023 年 1 月

目录

铅酸蓄电池基础知识

1.1 铅酸蓄电池工作原理

1.1.1 铅酸蓄电池反应机理

铅酸蓄电池作为一种化学电源，是一种将化学能转化为电能的装置。作为二次化学电源都需满足以下三个条件：

（1）化学电源的反应是可逆的，且整个电池体系是可逆的；

（2）采用单一的电解液，以避免不同电解质溶液之间产生不可逆扩散效应；

（3）蓄电池正负极反应物质均为难溶于电解液的难溶性固体产物[1]。

铅酸蓄电池的化学表达式为

$$（-）Pb|H_2SO_4|PbO_2（+）$$

它是一种很典型二次电源。由于单支蓄电池的电压及能量较低，应用场合会受到一定限制，所以应用最为广泛的是蓄电池组，它是由一支或者多支蓄电池单元组成的。单支铅酸蓄电池的正极活性物质为二氧化铅（PbO_2），负极活性物质是金属铅（Pb），电解液是稀硫酸。正负极板之间由电池隔板隔开，这里的隔板指一层可以通过离子但是隔绝电子的微孔隔膜。在铅酸蓄电池放电过程中，正极板栅中活性物质二氧化铅转换为硫酸铅，并附着在正极板栅上；与此同时，负极板栅上活性物质铅也转化为硫酸铅，并附着在负极板栅上。由于在放电过程中，铅酸蓄电池正负极活性物质均转化为硫酸铅，所以该电化学反应理论也通常称之为"双硫酸盐化"理论。在放电过程中电解液中硫酸参与了化学反应，电解液中硫酸浓度逐渐降低。铅酸蓄电池在充电过程时，正负极活性物质发生相反的反应。

铅酸蓄电池总反应式：$2PbSO_4 + 2H_2O \longleftrightarrow Pb + PbO_2 + H_2SO_4$

正极反应：$PbSO_4 + 2H_2O \longleftrightarrow PbO_2 + HSO_4^- + 3H^+ + 2e$

负极反应：$PbSO_4 + H^+ + 2e \longleftrightarrow Pb + HSO_4^-$

从铅酸蓄电池的正负极反应式可以看出，在电池进行充电过程中，正极进行氧化反应过程，负极进行还原反应过程；而当电池进行放电过程时，正极进行还原反应过程，负极进行氧化反应过程。图 1-1 为铅酸蓄电池充放电示意图。

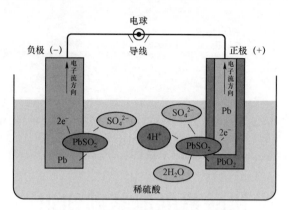

图 1-1　铅酸蓄电池充放电示意图

1.1.2　电池反应热力学

化学热力学是物理化学和热力学的一个分支学科，它主要研究物质系统在各种物理和化学变化中所伴随着的能量变化，包括化学反应过程中的能量变化方向及限度。在电化学反应过程中，若两个电极没有电流通过，那么电池反应体系应是处于平衡状态的。当电池体系处于平衡状态下，其热力学参数就可以确定下来。电化学反应热力学状态函数包括以下参数：内能（U）、焓值（H）、熵（S）、自由能（G）。这些状态参数与反应体系中温度（T）和压力（P）有关，可以判断反应体系的变化方向和反应程度。在平衡状态下，各个热力学参数达到最大值。

在铅酸蓄电池中，能量转换关系为电化学反应自由能和电能之间的转换[2]。大多数反应在恒压下进行，蓄电池产生的最大有用功在数值上等于该电池化学反应吉布斯自由能的减少。假定电池电阻无限大，反应物浓度不变，那么

$$|\Delta G| = 电池放电量 \times 电动势$$

$$\Delta G = -nFE \tag{1-1}$$

式中：ΔG 为电池化学反应自由能变化，它与电极反应方向有关；n 为电极反应得失摩尔电子数；F 为法拉第常数；E 为电池电动势，它与电极反应方向无关。

通过式（1-1）看出，在温度和压力都恒定的条件下，由电池自由能变化 ΔG 可以计算出电池的电动势 E。

当电池反应体系中反应物浓度处于标准状态时，蓄电池标准吉布斯自由能 ΔG^Φ 的变化等于反应产物与反应物标准吉布斯自由能变化之差。通过 ΔG^Φ 可以判断化学反应能否自发进行：$\Delta G^\Phi \leqslant 0$ 时，表示化学反应能自发进行；$\Delta G^\Phi \geqslant 0$，表示化学反应不能自发进行。$\Delta G^\Phi$ 值越大，发生化学反应的倾向越大。假定化学反应自发进行时，其电极电动势为正。那么，自由能的变化就有正有负，通过改变电池反应方向进行正负调节。对于任何化学反应来说，自发反应需要推动力，它来源于体系最大混乱程度倾向。在热力学上，体系混乱程度称为"熵"（ΔS），熵是推动自发反应的动力量度。由 ΔG 温度方程可计算熵变化 ΔS，若体系是在等压条件下进行的，则自由能与熵有以下关系式

$$\Delta S = \frac{\partial \Delta G}{\partial T}$$

则可以得出熵与电动势的关系

$$\Delta S = nF\left(\frac{\partial \Delta E}{\partial T}\right)_p$$

这里引入概念"焓变"（ΔH），它表示体系中反应物热量的变化。根据热力学定律，ΔG、ΔS 和 ΔH 三者有如下关系

$$\Delta G = \Delta H - T\Delta S$$

在等压条件下，电动势与焓变有如下关系

$$-\Delta G = nFE \qquad\qquad (1-2)$$

$$-nFE = \Delta H + T\left(\frac{\partial \Delta G}{\partial T}\right)_p \qquad\qquad (1-3)$$

$$\Delta H = -nFE - T\left(\frac{\partial \Delta E}{\partial T}\right)_p \qquad\qquad (1-4)$$

从式（1-2）～式（1-4）中可以得出：若 $\Delta G > \Delta H$，则电池反应的热能全部转变为电能，并且环境附属热能也转变成电能；若 $\Delta G = \Delta H$，则电池反应的热能等于体系产生的电能；若 $\Delta G < \Delta H$，则表示化学反应的热能散失一部分。综上所述，电池的电动势与体系的自由能密切相关，涉及反应混乱程度和热效应。

根据范特霍夫等温方程和 $-\Delta G = nFE$ 推导出能斯特方程

$$E_{池} = E_{池}^{\Phi} - \frac{RT}{nF}\ln\frac{\alpha_{产物}}{\alpha_{反应物}}$$

式中：$E_{池}$ 和 $E_{池}^{\Phi}$ 分别为电池电动势与标准电动势；$\alpha_{产物}$ 与 $\alpha_{反应物}$ 分别为电池反应中产物与反应物的活度系数；n 为反应中得失电子数；R 为通用气体常数；T 为标准 25℃时的热力学温度（289K）。

将上述能斯特方程中自然对数转换成常用对数可得

$$E_{池} = E_{池}^{\Phi} - \frac{0.059\,1}{N}\lg\frac{\alpha_{产物}}{\alpha_{反应物}}$$

当铅酸蓄电池进行放电时，反应物为 Pb、PbO_2、H^+、HSO_4^-，产物为 $PbSO_4$、H_2O，由于固体物质的活度系数约等于 1，所以 Pb、PbO_2、$PbSO_4$ 几种物质的活度系数都分别等于或者接近 1。电池电动势用表示为

$$E_{池} = E_{池}^{\Phi} - \frac{0.059\,1}{2}\lg\frac{\alpha_{H_2O}^{\ell}}{\alpha_{H^+}^2 + \alpha_{HSO_4^-}^2} = -\frac{0.059\,1}{2}\lg\left[\frac{\alpha_{H_2O}}{\alpha_{H_2SO_4}}\right]^2$$

铅酸蓄电池的电动势取决于负极铅与正极二氧化铅之间的电极电位之差。用 E_{Pb/H_2SO_4} 和 E_{PbO_2/H_2SO_4} 分别表示铅与二氧化铅的电极电位，那么铅酸蓄电池的电动势 E_e 可表示为

$$\Delta E_e = E_{PbO_2/H_2SO_4} - E_{Pb/H_2SO_4}$$

式中：E_{Pb/H_2SO_4} 和 E_{PbO_2/H_2SO_4} 分别为正极平衡电位和负极平衡电位，也称为正极电极电位与负极电极电位。

1.1.3　电池反应动力学

根据溶解–沉积理论，当金属插入电解质溶液后，金属会溶解成阳离子进入溶液，溶液中的金属离子会沉积到金属表面。若金属阳离子的溶解速度和金属离子沉积到金属表面的速度相等时，此时反应进入到动态平衡过程，即该电极反应的电荷和物质量都达到了平衡，宏观表现为净反应速度为零，电极无电流流过，外电流等于零，此时电极的电极电位就是平衡电极电位。当电极有电流通过时，电极电位将偏离平衡电位，我们把这种电流通过电极时电极电位偏离平衡电位的现象称为极化现象[3]。

发生氧化反应的电极称为阳极，当通过电流以后，电极电位向正方向移动，比平衡电极电位高，这种现象称为阳极极化。发生还原反应的电极称为阴极，当有电流通过后，电极电位向负方向移动，比平衡电极电位低，这种现象称为阴极极化。

蓄电池过电位，也称为超电位，是指电极有电流通过时，电极电位偏离平衡电极电位的值，可表示为

$$\eta = \varphi - \varphi_0$$

式中：η 为过电位；φ 为有电流时电极电位；φ_0 为平衡电极电位。

电池极化现象包含三种，分别是电化学极化、浓差极化及欧姆极化。电化学极化指电极反应在溶液/电极界面发生时，由于化学反应不可逆引起的极化现象；浓差极化是指电极反应过程中，由于反应物会消耗，生成产物，若反应物没有及时供给或者产物不能及时扩散，会造成电极电位偏离平衡电极电位，这种极化现象称为浓差极化，该极化具有滞后性；欧姆极化是指由于蓄电池电解液、电极材料等材料电阻造成的实际电位与理论电极电位之差。

电化学极化产生的原因是电极上电化学反应产生电子的速度落后于电极上电子导出的速度。电化学引起的过电位会随着电极电流密度的增加而增大，过电位与电流密度之间的关系可以用塔菲尔方程表示，即

$$\eta = a + b\lg I \tag{1-5}$$

式（1–5）中，a、b 均是常数，可以由试验求得，其中常数 a 主要取决于电极体系的本性，也与电极表面情况有关，例如电极表面杂质干扰。常数 b 也是分析电极反应机理的重要常数。

电解过程中，溶液在电解槽内出现浓度差异是由于液相传质引起的，即通过界面层溶液的扩散速度跟不上电解速度。当电极反应在一定电流密度下达到稳定后，阴极界面层溶液的浓度必低于本体溶液；对于阳极，例如可溶阳极，界面层溶液的浓度必高于本体溶液。根据能斯特电位方程，这两种情况都会导致电极电位偏离平衡电位：阴极电动势变小（向负方向移动），阳极电动势变大（向正方向移动），即发生电极的浓差极化。

大电流密度下，浓差极化是主要极化形式。浓差极化随电流密度增加而增大。浓差极化的大小用浓差超电位 η 表示，阴极浓差超电位与电流密度 i 的关系为

$$\eta = \frac{RT}{nF}\lg\left(1 - \frac{i}{i_{\lim}}\right) \tag{1-6}$$

式中：i 为通过电极的总电流；$i_{\lim}$ 为极限电流。

一般情况下，电池极化是指三种形式极化的总和。蓄电池电极极化对电池性能有着重要影响，蓄电池放电时，电极极化会引起端电压低于开路电压；对充电时的影响则表现在使得端电压高于开路电压。每种形式的极化因电极所处状态不同，起主导作用的极化形式会有所不同。正常情况下，铅酸蓄电池在常温放电时，正极的浓差极化占主导地位，即此时由于液相传质较慢，也称为由正极液相传质控制。

1.2 铅酸蓄电池结构特点

尽管铅酸蓄电池能量密度较低，但其价格优势明显，广泛应用于社会各个领域。由于单支铅酸蓄标称电压为2V，故在实际应用中，大多采用多支单体铅酸蓄电池串/并联组合使用。对于铅酸蓄电池来说，内部单体蓄电池结构都是一样，与电池组的电压高低无关[4,5]。铅酸蓄电池结构一般由电池极板、隔离板、电解液、蓄电池壳体等部分组成。图1-2为铅酸蓄电池结构示意图。

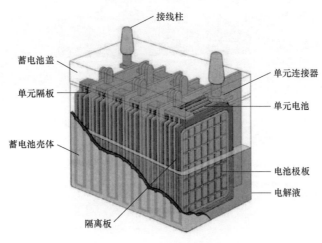

图 1-2　铅酸蓄电池结构

1.2.1　电池极板

铅酸蓄电池正负极板由板栅、活性物质和添加剂组成，蓄电池极板示意图如图1-3所示。在实际生产中，为了提高铅酸蓄电池容量，一般将多片正极板（4~13片）和多片负极板（5~14片）分别并联组成正、负极板组，如图1-4所示。因为正极板化学反应剧烈，所以在单格电池中，负极板比正极板多一片，使每一片正极板都处于两片负极板之间，保持其放电均匀，防止变形。

1.2.1.1　板栅

板栅作为铅酸蓄电池的重要组成部分，它占据蓄电池总质量的 25%左右[6]。板栅形状一般由截面积和形状不同的横竖筋条组成的栅状结构。目前国内外常用的板栅种类有垂直筋条方格型、斜筋条改进型、辐射型、半辐射型等四种，具体包括边框、筋条、板角（视情况不同），如图1-5所示。

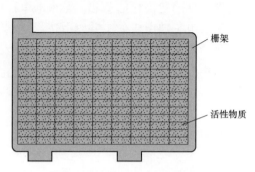

图 1-3　蓄电池极板示意图

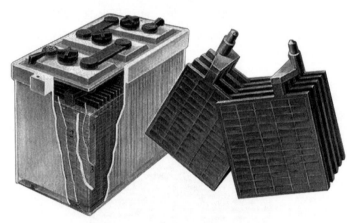

图 1-4　蓄电池内部正负极板组成结构

注：正极板塞充红色二氧化铅；负极板塞充海绵状铅；电解液稀硫酸。

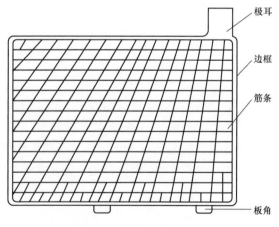

图 1-5　板栅结构示意图

　　板栅是蓄电池的集流体，主要作用是传导和汇集电流，使电流均匀分布，并对活性物质起支撑、保护作用。

板栅是活性物质的载体。正极活性物质二氧化铅的导电性比较差，其电阻率仅为 $2.5 \times 10^{-1} \Omega \cdot cm$，而铅锑合金板栅的电阻率非常小，其值为 $2.46 \sim 2.89 \times 10^{-3} \Omega \cdot cm$，对于负极铅，其表面会覆盖一层惰性 $PbSO_4$，电阻率会更大，因此，将活性物质涂敷在板栅上，以显著降低活性物质电阻率，减少电池极化。

板栅对活性物质起支撑和保护作用。在蓄电池充放电时，正极上二氧化铅与硫酸铅相互转化，负极上海绵状活性物质铅与硫酸铅相互转化，二氧化铅、海绵状金属铅和硫酸铅这三者的密度相差较大，随着蓄电池充放电的进行，正负极板不断发生"膨胀"及"收缩"，活性物质很容易产生脱落，而板栅正好起到一种支撑保护作用。

正常工作模式下，电池极板处在浓度 5%～1% 稀硫酸，由于活性物质之间存在孔隙，部分板栅暴露在稀硫酸中会受到硫酸腐蚀，并且腐蚀产物会对蓄电池产生一定毒副作用。另外，蓄电池在充电过程中，正极处于氧化状态，负极处于还原状态，所有板栅材料须具有一定的耐氧化和耐还原的性能。当蓄电池过充电时，正极板栅逐渐被腐蚀氧化成 PbO_2，所以，为了补偿正极板栅腐蚀量，在制造板栅过程中，正极板栅厚度大于负极板栅厚度。正极板栅所处环境决定其被腐蚀是必然的，其腐蚀速率与以下几种因素有关。

（1）正极板栅的金相结构影响。对于 Pb-Sb 合金板栅，若合金是亚共晶体时，即合金是由 α 固溶体和 β 固溶体组成的混合物。在这种结构中，β 固溶体分布在铅枝晶之间，形成晶间夹层。在 Pb 和 Pb-Sb 合金发生阳极极化时，腐蚀首先沿着晶界进行，由于腐蚀快慢与金属活性有关，而晶间夹层中粒子是无规则排列的，活性最大，会优先被腐蚀。这样 Sb 以离子形态溶解于电解液中，腐蚀产物无保护作用。

板栅的铸造工艺影响板栅金相结构，进而影响板栅的耐腐蚀性能。优良的铸造工艺要求铸造冷却速度快，以保证板栅合金晶粒细小、组织严密、晶粒之间夹层空隙小，这样发生腐蚀时，其腐蚀产物可形成一层完整的保护膜覆盖在晶间夹层。反之，腐蚀速率将会加快。目前制造工艺中都会增加其他金属添加剂，目的就是增加合金结构的分散度，保证晶间夹层形成致密的耐腐蚀层，阻碍板栅腐蚀。常用添加剂包括 Ca、Ti、S、As、Fe 等[7]。

（2）正极板栅的表面影响。正极板栅表面腐蚀膜的形成与腐蚀速率有很大关系，前面已经提到过，若生成的腐蚀膜是致密的，则能降低正极板栅的腐蚀速率，反之增加。正极板栅生成的 PbO_2 膜会有两种形式，α-PbO_2 膜结构多孔疏松，β-PbO_2 晶粒细小致密。因此，在生产过程中，经常会在 Pb-Sb 合金板栅中加入金属银，这样更有利于β-PbO_2 膜的形成，从而减轻板栅腐蚀。

（3）电解液浓度和温度的影响。研究发现，不同浓度稀硫酸中，其活化腐蚀电位不同。腐蚀电位随着 H_2SO_4 浓度的增加而向电位增大的方向移动。对于 Pb-Sb 合金板栅来说，其腐蚀速率将随着电解液 H_2SO_4 浓度减少而增大。

目前，使用最为广泛的依然是 Pb-Sb 合金板栅，其次就是 Pb-Ca 合金板栅。所以按合金组分，板栅又以分为下几种类型。

（1）高锑合金板栅：含锑量较高，添加量一般为 4%～12.0%（质量比），同时还添加其他元素，例如 As、Sn、Se、Ag 等元素。

（2）低锑合金板栅：含锑量相对较低，添加量一般为 0.75%～3.0%（质量比），添加元素包括 As、Sn、Se、Cu、Fe、S 等。

（3）Pb-Ca 系列合金板栅：这类合金包括 Pb-Ca 合金、Pb-Ca-Sn 合金、Pb-Sr-Sn 合金、Pb-Sr 合金等。这一系列合金板栅同样添加一些其他元素，例如 Al、Bi、Ce 等。

从 20 世纪 80 年代起，日本、澳大利亚和德国等技术发达国家的电池生产商都开始使用板栅绿色制造技术。欧美的主要蓄电池生产厂家也都采用了拉网板栅或冲网板栅制作极板，然后用来生产汽车蓄电池，但中国绝大多数厂家都采用重力浇铸板栅生产技术。图 1-6 为不同工艺条件下生成的板栅结构。采用拉网式、冲孔式、连铸连轧等先进板栅制造工艺基本无铅烟排放（工作温度为常温及 350℃ 以下），可控制铅渣量小于 3%，设备操作人员数量减少至原人数 10%，生产设备可完全实现密闭或在负压下运行。铅酸蓄电池极板制造新技术对环境无污染，对操作者无伤害，实现了极板制造的清洁生产。

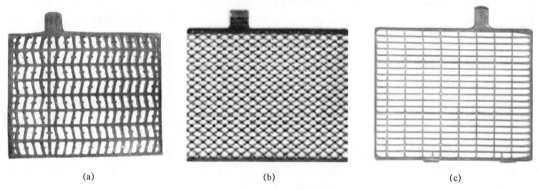

(a)　　　　　　　　(b)　　　　　　　　(c)

图 1-6　三种不同形式板栅

（a）连铸连轧板栅；（b）重力浇铸板栅；（c）拉网板栅

1.2.1.2　铅膏

电池极板的铅膏是由铅粉、稀硫酸、添加剂等混合制成的。铅粉是生成铅酸蓄电池极板活性物质最基本的原料，相当于铅酸蓄电池的"遗传密码"，其性质和质量对于整个铅酸蓄电池的性能有重要决定作用。铅粉本质上是由铅及其铅氧化物混合构成，在铅微粒表面包覆着不同成分铅氧化物的微粒，其中 PbO 质量比约为 70%，Pb 含量约为 30%。

之前铅酸蓄电池极板的铅膏多是用红丹与密陀僧为原料混合制成，随后使用化学方法制备铅粉工艺也不是最经济有效的方法，直到 1924 年日本岛津利用球磨工艺制备出铅粉，此后，球磨铅粉逐渐成为市场主流，开始大规模作为铅膏的基料来制备铅酸蓄电池活性物质[8]。铅粉的性能指标如下：

（1）化学组成表示为 Pb·2PbO。

（2）颜色：灰色至青绿色。

（3）晶体形态与晶核结构：主要属于正方晶，部分斜方晶。

（4）视密度：1.4～1.6g/cm³。

（5）吸水量：12～20ml/100g 铅粉。

（6）稀酸值：240～280mg/g 铅粉。

（7）粒度分布：3～6μm，质量比 50%，<2.5μm；质量比 75%，<9.5μm；质量比 90%，<160μm。

（8）比表面积：球磨粉为 $1.0\sim2.0m^2/mg$。

控制铅粉的上述这些特性对控制生产过程的某些特性非常重要，主要目的是得到性能稳定的适合各个工艺过程与制造工序所必需的特性，例如化学组成、视密度、酸值及吸水量等特性，另外一些特性，例如铅粉的晶体变种、粒度分布、孔隙率及比表面积等特性则对铅酸蓄电池的寿命、容量产生直接影响，从而最终影响电池的电化学性能。

一直以来，在铅酸蓄电池领域，板栅材料、电解液添加剂、新兴电池制作工艺等方面的新技术发展较为迅速，而针对电极活性物质的相关研究较滞后。直到近 10 年来，学者们才开始将活性物质本身作为重点的研究对象。开发新工艺、新技术、新材料、新结构将使目前的铅酸蓄电池更新换代。

目前，中国蓄电池产业面临的主要问题是原料价格波动、环保压力突出。要保持铅酸蓄电池工业的持续发展，重视铅污染的防治和再生铅的加工已经成为铅酸蓄电池行业的当务之急。因此，提高铅酸蓄电池的性能，若能与节约铅资源、促进废铅产物回收再利用结合起来，是十分重要的研究方向。

1.2.1.3 粉膏添加剂

添加剂也是铅膏的重要组成，分为铅负极添加剂和铅正极添加剂。

铅负极添加剂主要包括膨胀剂、导电剂、阻化剂和增强剂等。

（1）膨胀剂。加入膨胀剂是为了提高铅酸蓄电池使用寿命和输出功率。常用的膨胀剂有无机膨胀剂和有机膨胀剂。无机膨胀剂主要包括硫酸钡、硫酸锶、炭黑等。有机膨胀剂主要包括腐殖酸、木质素、木素磺酸盐、合成鞣料等。

无机膨胀剂中，硫酸钡最为常见。其作用机理为，由于硫酸铅与硫酸钡的晶格参数非常接近，在铅膏中加入硫酸钡，当负极铅放电时，硫酸钡被当做硫酸铅的结晶中心，在硫酸钡上结晶析出，无法达到形成晶粒所必需的过饱和度。加入硫酸钡使过饱和度降低，引起浓差过电位也随之降低，使得放电时负极产物硫酸铅晶体结构疏松、晶粒粗大，这样有利于电解液扩散和铅电极深度放电。另一方面，由于硫酸钡的存在，放电时产生的硫酸铅不是在金属铅上析出，而是在硫酸钡上析出，即在金属铅表面形成了致密钝化膜，有推迟钝化的作用。电池充电时，硫酸钡还起到防止铅负极比表面积收缩的作用。因为充电时硫酸铅溶解成 Pb^{2+}，可能生成枝晶，枝晶会刺穿隔膜引起短路，或者生成致密的金属铅，引起铅电极比表面积收缩。当有硫酸钡存在时，由于硫酸钡不参与氧化还原反应的，它高度分散在负极活性物质中，把铅与硫酸铅分开，从而阻止电极比表面积收缩。

有机膨胀剂的加入主要是为了改善铅负极表面硫酸铅晶体的形态学特征，使硫酸铅晶体细化与均匀化。因为铅负极活性物质是海绵状的金属铅，具有比表面积大、孔隙率高等特点，海绵铅具有很高的表面能。表面能等于真实表面积与表面张力的乘积。从热力学理论可知，高能量体系有向低能量体系自发变化的趋势。当金属和溶液不变时，表面张力是一定的，所以只能是进行颗粒合并，通过降低比表面积来降低自身体系能量。在负极中加入有机膨胀剂后，它们可以吸附在电极表面，降低表面张力，这样既可以使得体系能量降低，又可以阻止真实表面的收缩。

（2）导电剂。负极中添加导电剂主要改善物质的导电性，特别是当铅酸蓄电池到了放电末期时，负极活性物质大部分都转变为硫酸铅晶体，电极导电性变差，需要加入一些导电剂改善电极导电性能。导电剂主要有以下几种：炭黑、乙炔炭黑、碳纤维以及石墨等。

（3）阻化剂。常用的阻化剂有甘油、木糖醇、抗坏血酸、松香等，阻化剂主要起抗氧化作用。阻化剂的分子结构中大多都含有—OH基团，—OH基团具有还原剂的作用。铅负极板的初始物质包括氧化铅、碱式硫酸铅、少量铅以及添加剂组成的混合物。这种混合物没有电化学活性，必须经过化成、洗涤、干燥等工序，然后再组装成电池。刚化成的铅负极电化学活性很高，电极上有一层很薄的稀硫酸液膜，很容易导致氧的扩散，这样容易加速铅的氧化，降低电池容量。阻化剂遇铅膏被氧化，在化成工序中被还原，当在干燥工序中，被氧化的铅又被阻化剂还原。因此阻化剂起到抑制铅氧化的作用。宏观表现在蓄电池在开路状态下放置时，阻化剂会抑制自放电的发生。

（4）增强剂。在铅膏中还往往会增加增强剂，增强剂作用主要是物理增强，目的是增强活性物质强度，使负极活性物质之间能够彼此牵连，减少铅酸蓄电池使用过程中活性物质的脱落。目前，这类增强剂主要有一些合成纤维类材料，例如丙纶、氯纶、涤纶等。一般切成约3mm长加入到铅膏中，加入量为0.1%～0.3%。

（5）铅正极添加剂。在蓄电池生产过程中，正极极板同样会加入一些添加剂，但是由于正极板表面活性物质（二氧化铅）微观结构相对脆弱，故加入添加剂与二氧化铅表面的化学反应过程有关。如果反应过程强烈干扰其反应机理时，会导致活性物质二氧化铅脱落、钝化或软化现象。

由于上述限制，正极铅膏中所加添加剂无论在数量还是在种类上，都比负极添加剂相对少很多。一般正极添加剂的作用主要体现在物理层面，用于提高正极极板的结构强度以及增加活性物质的孔隙度，这类添加剂又称之为"稳定强化添加剂"。常用增强剂有聚酯、聚丙烯纤维、聚四氟乙烯乳液或磷酸等，前两种增强剂添加尺寸约为3mm。

此外，铅酸蓄电池最主要的缺陷是比能量低，一是因为铅及其化合物的密度较大，二是因为活性物质二价铅的化合物导电性不良。因此对控制电极——二氧化铅（PbO_2）电极进行改性研究有利于提高铅酸蓄电池性能。提高二氧化铅电极导电性最主要的方法就是在正极粉膏中添加导电剂。理想的添加剂至少具有与碳差不多高的导电性、用量少、在正极板化成程序中性质稳定。比较常见的导电添加剂有碳素材料和镀SnO_2的玻璃小片，这些导电剂可以通过提高活性物质导电性，从而提升蓄电池倍率性能。

1.2.2　电池隔板

1.2.2.1　隔板及其特征

隔板也是铅酸蓄电池的重要组成部分，其本身材料为电子绝缘体，而其多孔性使其具有离子导电性。它虽然不属于活性物质，但是在某些情况下甚至于起着决定性作用。隔板的电阻、化学稳定性、弹性、孔径大小等参数对蓄电池性能有重要影响[9]。

在传统的富液式铅酸蓄电池中，隔板的作用相对简单，只是作为防止正负极短路的惰性隔离物。它仅需要具备铅酸蓄电池隔板最基本的特点即可，例如良好的离子导电性，物理和化学性质稳定等特定。而在阀控铅酸蓄电池（VRAL）中，隔板除了需具有上述性能外，对铅酸蓄电池隔板特性还提出以下新的要求：

（1）隔板作为电解液贮存物，必须能吸收足够的电解液以保证电池的放电容量，同时还必须有恰当的孔率，保证气体可再复合，隔板孔径大小影响铅枝晶短路程度。

（2）隔板必须有足够的抗拉伸和机械强度，以适应机械化生产的需要，延长铅酸蓄电池使用寿命。

（3）隔板必须具有良好的化学稳定性，在酸液中不溶，因为其在硫酸中的稳定性会直接影响蓄电池的寿命；并且杂质含量应小，防止杂质溶入电解液中影响电池性能。

（4）隔板需要有高的孔率，这对蓄电池高倍率放电容量和端电压水平具有重要影响；高孔隙率会使电解液硫酸分布均匀，且在灌酸和化成时酸液流动顺畅。

（5）隔板需具有一定的弹性，隔板的弹性可延缓正极活性物质的脱落，保证隔板在电池充放循环过程中始终与极板间保持紧压状态。

（6）隔板须能吸收足够的电解液，同时保证电池处于贫液状态。

（7）隔板必须允许电解液在其中自由流动，尤其是在电池处于过充电状态下，为氧气循环再化合提供气体通路等。

1.2.2.2 隔板发展历史及分类

铅酸蓄电池作为一种相对古老的二次电源，其隔板也在不断发展变革。由于隔板对铅蓄电池性能多方面的作用，每次隔板质量的提高，无不伴随着铅酸蓄电池性能的提高。

20世纪50年代起，动力蓄电池主要用木隔板。由于必须在湿润的条件下使用，所以木隔板会造成负极板易氧化和初充电时间长，并且木隔板无法用于干荷式铅蓄电池。此外，木隔板在硫酸中不耐氧化腐蚀，化学稳定性很差，导致蓄电池寿命短。为了提高铅蓄电池寿命，提出木隔板与玻璃丝棉并用，使蓄电池寿命成倍地增加，这样也带来一定副作用，即电池内阻增加，同时对电池容量、起动放电有不利影响，这种类型隔板在当时能满足标准要求。

20世纪60年代中期，出现了微孔橡胶隔板，由于它具有较好的耐酸性和耐氧化腐蚀性，明显地提高了蓄电池寿命。同时，这种类型隔板减小了极板中心距离，促进蓄电池结构改进，使蓄电池起动放电性能和体积比能量有较大的提高。正因为微孔橡胶隔板的优良性能，从20世纪70年代至90年代初期，在铅蓄电池产业中占统治地位。但微孔橡胶隔板也存在缺点：被电解液浸渍的速度较慢，原材料缺乏，制造工艺较复杂，成本价格贵，不易制成较薄成品（厚度在1mm以下就困难）。在微孔橡胶隔板生产的同时，还出现了烧结式PVC隔板，以及后来相继出现的软质聚氧氯乙烯隔板，该类型隔板与橡胶隔板类似，是80年代隔板市场的主导产品。

1993年，由于微孔橡胶隔板成本提高，PVC隔板供不应求。20世纪90年代相继出现PP（聚丙烯）隔板、PE（聚乙烯）隔板、超细玻璃纤维隔板及其他们的复合隔板。还有，也曾出现纤维纸隔板，其电阻、孔率方面均较好，但其耐腐蚀和机械强度较差，孔径也较大，因此未能大批量使用。

目前国际上，特别是美国、西欧等国家，汽车型蓄电池大量使用的是聚乙烯（PE）袋式隔板，因为PE隔板孔径小、电阻低和基底薄，比较容易做成袋式，适用于蓄电池连续化、流水化生产。目前国内尚未出现大批量生产，使用尚不普遍。目前，PP隔板和超细玻璃纤维隔板逐渐为各大汽车型蓄电池厂家所接受。以下是比较常见的隔板及其特点。

（1）PE隔板。具有冷启动及防止枝晶短路的优点，但在高温环境下变形。

（2）PP 隔板和 AGM 隔板。电阻小，但孔径大，不能有效防止枝晶短路。

（3）PVC 隔板。易被硫酸和氧气腐蚀，特别是高温环境中，易变形。

（4）微孔橡胶隔板。孔径小（可在一定程度上阻止锑的迁移），电阻稍大，抗冲击能力不强，但防止枝晶短路，干涸后孔率损失程度小。

1.2.3 电解液

1.2.3.1 电解液导电机理

铅酸蓄电池的电解液是稀硫酸溶液，用纯净水加浓硫酸及添加剂配制而成。电解液的相对密度一般为 $1.24 \sim 1.30 \mathrm{g/cm}^3$，表 1–1 为不同浓度稀硫酸变换表。在铅酸蓄电池中，电解液不但用于正极和负极活性物质进行电化学反应，还用于蓄电池充放电过程中形成离子导电回路。

表 1–1　　　　　　　　　　　　电解液稀硫酸浓度变换表

密度（15℃）	密度（20℃）	电解液中硫酸质量比（%）	电解液中硫酸体积比（%）	H_2SO_4 含量（mol/L）以 15℃计	H_2SO_4 含量（g/L）以 15℃计
1.000	1.000	0	0	0	0
1.080	1.078	11.5	6.7	1.267	124.2
1.090	1.088	12.9	7.6	1.435	140.6
1.100	1.097	14.3	8.5	1.605	157.0
1.110	1.107	15.7	9.5	1.778	174.3
1.150	1.146	20.9	13.0	2.452	240.4
1.160	1.156	22.1	13.9	2.612	256.4
1.220	1.216	29.6	19.6	3.685	361.1
1.250	1.245	33.0	22.6	4.214	415.0
1.260	1.255	34.4	23.6	4.400	433.4
1.270	1.265	35.6	24.6	4.593	452.1
1.280	1.275	36.8	25.6	4.806	471.1
1.285	1.280	37.4	26.1	4.905	489.1
1.290	1.285	38.0	26.6	5.002	490.2
1.300	1.295	39.1	27.6	5.197	508.3
1.310	1.305	40.3	28.7	5.386	527.9
1.350	1.345	44.7	32.8	6.157	603.3
1.480	1.475	57.8	46.5	8.728	855.4
1.490	1.485	58.7	47.5	8.924	874.6
1.550	1.545	64.2	54.1	10.154	995.1
1.560	1.555	65.1	55.2	10.362	1015.6
1.590	1.584	67.6	58.2	10.967	1074.8

当蓄电池接通以后，电流方向是由电池正极流经电池负极，在外电路中形成电流；而在电池内部，则是通过电解液中 HSO_4^- 离子从负极离开向正极迁移，H^+ 则是离开正极向负极迁移，电池内部由于离子的定向运动，从而形成了电流。图 1-7 所示为铅酸蓄电池电解液离子迁移示意图。负极上反应物硫酸铅 $PbSO_4$ 由于得到外电路上的电子，从而把 HSO_4^- 释放到电解液中，HSO_4^- 又迁移到正极表面，完成了电荷的转移与传递过程。离子的电导率与离子迁移数有关。在稀硫酸溶液中，正离子迁移数随着电解液浓度的增大而增加，随着温度升高而减少。

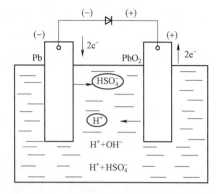

图 1-7 铅酸蓄电池离子迁移示意图

电解液稀硫酸的质量优劣对蓄电池的使用寿命、电池容量等影响很大，因此必须掌握正确的配制方法。铅酸蓄电池的电解液，必须用蓄电池的专用硫酸，要澄清透明、无色、无臭，铁、砷、锰、氯、氮化物等杂质含量不能超标，配制电解液采用纯水、蒸馏水或饮用纯净水，还要注意溶液浓度和黏度。不同类型的蓄电池，电解液浓度各不相同，根据电池供电特性、电池结构、工作环境等方面，必须考虑以下 3 种情况：

（1）移动作业的蓄电池要适应野外工作，防止冻结，体积与质量都有一些限制，电解液量不宜太大。为了保证足够的电池容量，需要用浓度较高的电解液。固定场所使用的蓄电池，一般多在室内使用，其体积与质量没有太大限制。

（2）在一定范围内，电解液浓度越大，极板活性物质内硫酸浓度越大。活性物质利用率高，容量也会增加。但是电解液浓度过高，会导致溶液电阻增加，黏度增加，渗透速度降低，自放电加快，导致电池容量下降。同时，电解液浓度过高，隔板腐蚀也会加快，缩短蓄电池的使用寿命。

（3）选择电解液浓度时，还要考虑蓄电池的工作环境温度。在寒冷温度下，电解液浓度应高一些；在炎热气候下，电解液浓度可低一些。

一般情况下，在 25℃时，电解液密度为 $1.28g/cm^3$，在其他温度下可按下式计算，即

$$D_a = D_t + 0.000\ 7(t-25)$$

式中：D_a 为 25℃时密度；D_t 为实际测定温度时密度；t 为电解液实际测定温度。

1.2.3.2 电解液添加剂

铅酸蓄电池发展至今，在性能和设计方面已经有了很大的改进，但是仍存在一些问题需要解决，如蓄电池的比能量、寿命以及大倍率放电问题等。

在电解液中加入添加剂，是一种改善蓄电池性能的重要方法[10]。到目前为止，磷酸和硫酸盐是使用最为广泛的电解液添加剂。虽然对于如何选择合适的添加剂还没有统一定论，但是所加添加剂必须在硫酸溶液中具有稳定的化学性能、热力学性能和电化学性能。一般情况下，电解液添加剂可以提高蓄电池的一个或多个方面性能，但同时也会带来一定副作用，往往会牺牲蓄电池其他某些性能为代价。直到目前，还未发现一种添加剂是可以同时提高蓄电池所有性能。

目前，国内外对于电解液添加剂的研究报道很多，对于添加剂的选择也越来越多，例如

磷酸、磷酸盐、硫酸盐、草酸、硼酸、柠檬酸、有机添加剂、碳素材料等。不同类型添加剂的作用机理不同，例如在电解液中加入硫酸可以提高蓄电池的电池容量，作用机理是正极在充电时由于柠檬酸的存在使正极板栅与活性物质之间形成难以还原的二氧化铅，从而提高导电性，提高了电池容量[11]。

1.2.4 电池壳体

蓄电池的壳体是用来盛放电解液和极板组的，蓄电池外壳具有耐酸、耐热、耐震、绝缘性好等特性，并且要有一定的机械强度。

早期，蓄电池外壳及其他部件多采用硬质橡胶，它是由硫化橡胶（硫黄含量在 25%以上），加入不同种类的填充剂和促进剂制成。最早是选用天然橡胶，60 年代以后逐渐被人造合成橡胶替代。蓄电池类型越来越多，对于不同类型的蓄电池，对其外壳有着不同要求。目前，除大容量起动电池还在使用外，其他类别产品的电池槽均为聚丙烯塑料材质。

自 20 世纪 80 年代以后，我国的阀控密封铅酸蓄电池由引进到自行研发逐渐向批量生产转换。早期的阀控密封铅酸蓄电池的槽盖大都选用 SAN 材料，目前市场采用 SAN 和 ABS 材料较为普遍，也有采用 PP 或 PVC 材料的，国外的阀控电池槽盖绝大多数采用 PP 或 AS 材料。无论选用哪些材料，表征材料性能的技术参数必须能够满足电池使用的要求，技术参数包括机械性能、电性能、热性能等方面指标。

机械性能：包括耐冲击、抗震动、耐挤压等，还包括考虑自然灾害（如地震）及蓄电池内盈余气体所产生的气胀等。

耐腐蚀性能：电池槽在一定温度下长期与密度 $1.25 \sim 1.32 \mathrm{g/cm^3}$ 的硫酸溶液接触，不会由于长期侵蚀而发生变化，例如溶胀、裂纹及变色等。

抗氧化性：蓄电池可能工作在各种环境中，要求电池槽在紫外线照射或大气侵蚀等化学作用下，不会产生变色和发脆现象，否则会影响蓄电池的外观和机械强度，同时电池壳还应具有抗氧渗透的能力。

1.3 铅酸蓄电池技术指标

1.3.1 铅酸蓄电池容量

蓄电池容量分为实际容量和额定容量。蓄电池实际放电容量反映蓄电池实际存储电量的多少，单位用安时（Ah）表示。安时数值越大，表示蓄电池实际放电容量越大。额定容量是蓄电池制造出厂时，规定其在一定的放电条件下应该放出的最低额度电量，单位也用安时（Ah）表示。蓄电池使用过程中，实际容量会逐渐衰减，国家有关标准规定，新出厂的蓄电池实际容量大于额定容量才为合格蓄电池。

影响铅酸蓄电池容量的因素有很多，例如电池极板构造、充放电电流大小、电解液温度及密度等，其中充放电电流和温度的影响最大。蓄电池放电容量与放电倍率、放电温度和终止电压有以下关系：

（1）放电电流。一般也称为放电倍率，针对蓄电池放电电流大小，分别有时间率和电流率。放电时间率是指在一定的放电条件下放电到终止电压的时间长短。根据相关标准，放电倍率分别规定为 20 小时率、10 小时率、5 小时率、3 小时率、2 小时率以及 0.5 小时率。蓄电池的额定容量用 C 表示，在不同放电倍率下得到的蓄电池容量不同。

（2）放电终止电压。蓄电池放电时终止电压的设定是为了防止在放电过程中蓄电池组内出现各单体蓄电池的电压和容量不平衡的现象。通常过放电越严重，下次充电时落后的蓄电池越不容易恢复，这就将严重影响蓄电池组的寿命。放电终止电压不同，蓄电池放电容量大小也不相同。随着蓄电池放电的进行，蓄电池的开路电压逐渐降低。一般规定，在 25℃ 条件下放电到能够再次反复充电使用的最低电压称为放电终止电压。放电率不同，放电终止电压也不相同。一般 10 小时率放电的终止电压是 1.8V/单格，2 小时率放电的终止电压为 1.75V/单格。当低于此电压时，虽然放电容量可以增加，但是容易造成铅酸蓄电池容量的不可逆恢复，所以在非特殊情况下，不要放电至终止电压。

（3）放电温度。蓄电池放电容量与温度有较大关系，蓄电池在低温环境下，放电容量下降；在高温度环境下放电，放电容量增加。所以为了统一放电容量，在标注蓄电池实际放电容量时须注明实际放电温度。

1.3.2 蓄电池电动势、电压

蓄电池的电动势指两个电极的平衡电极电位之差。蓄电池电动势是硫酸浓度的函数。蓄电池的开路电压是外电路没有电流流过时电极间的电位差，一般小于蓄电池电动势，与蓄电池荷电状态直接相关。蓄电池的工作电压又称放电电压或负荷电压，是指有外电流通过时蓄电池两极间的电位差。工作电压总是低于开路电压，因为电流通过蓄电池内部时，必须克服极化电阻和欧姆电阻所造成的阻力。随着蓄电池放电的进行，正负极活性物质和硫酸逐渐消耗，水量增加，酸浓度降低，蓄电池的电压降低。

1.3.3 蓄电池内阻

1.3.3.1 电池内阻分析

蓄电池的内阻是指电流通过蓄电池内部时所受到的阻力。宏观看来，如果电池的开路电压为 V_1，当用电流 I 放电时其端电位为 V_2，则 $r=(V_1-V_2)/I$ 就是电池内阻。从上述公式可以发现，以此得到的电池内阻并不是一个常数，它不但随电池的工作状态和环境条件而变，而且还因测试方法和测试持续时间而异。从微观分析其本质，蓄电池内阻是包含着复杂成分组成的。

铅酸蓄电池内阻包含极化内阻与欧姆内阻，而极化内阻又包含浓差极化内阻和电化学反应极化内阻。

浓差极化内阻是由反应离子浓度变化引起的，只要有电化学反应在进行，反应离子的浓度就在变化，因而它的数值是处于变化状态，测量方法不同或测量持续时间不同，其测得结果也会不同。

电化学反应极化内阻是由电化学反应体系的性质决定的，电池体系和结构确定了，其活化极化内阻也就定了。在电池寿命后期或放电后期，电极结构和状态发生了变化，引起反应电流密度改变，那么电化学反应极化内阻就会改变，但其数值仍然很小。

欧姆内阻，它与电池构件有关，构件包括极板、隔板、电解液、接线、极柱等，还与电池的新旧程度、电池容量大小、装备的工艺等因素有关。

综上所述，极化内阻是蓄电池在充电或者放电过程中产生的，电极产生电化学反应时因极化而引起的内阻。极化内阻与电池制造工艺、结构设计、活性物质结构等内在因素有关，另外也与电池在使用过程中的温度、工作电流大小等外在因素有关，所以极化内阻是一个变化参数。欧姆内阻是由电池内部的电极、隔膜、电解液、连接条和极柱等全部零部件电阻的总和，虽然在电池整个寿命期间它会因板栅腐蚀和电极变形而改变，但是在每次检测电池内阻过程中可以认为是不变的。

一般情况下，铅酸蓄电池内阻是很小的，需要专门测试仪器所测的结果比较准确[12]。生产实际中，蓄电池内阻一般是指蓄电池的充电态内阻，即蓄电池在充满电时内阻。与之对应的是放电态内阻，其数值不太稳定。蓄电池内阻越大，自身消耗的能量就越多，使用效率就越低，内阻大的蓄电池在充电过程中发热很厉害，温度也会急剧上升。随着蓄电池使用时间延长，其内部电解液会逐渐消耗，内部化学活性物质也会逐渐降低，蓄电池内阻会逐渐加大。

1.3.3.2　电池内阻影响因素

对于单只蓄电池来说，其内阻大小与蓄电池荷电状态有关。蓄电池内阻会随着电池放电量的增加而增大，在放电终止时阻抗最大，主要原因是随着放电的进行，极板内生产了导电性能较差的硫酸铅晶体，并且电解液密度下降也是原因之一。

温度对蓄电池内阻也有很大影响，温度降低将导致电解液流动性变差，同时也会导致电池极板收缩，电化学活性降低，从而蓄电池内阻增加。一般情况下，以 30℃ 为起点，蓄电池温度每下降 1℃，容量会下降 1% 左右，其内阻也将增加。

1.3.4　铅酸蓄电池寿命

使用寿命是铅酸蓄电池的重要性能指标之一。蓄电池的寿命一般用周期表示。蓄电池经历一次充放电，称一个周期。在一定充放电工作模式下，蓄电池容量降到规定值之前，蓄电池所经受的循环次数，称为使用周期，也就是蓄电池的循环寿命。寿命也可以用使用时间表示。实际应用中蓄电池寿命有台架试验周期、假定周期、实际使用时间等多种表达方式，这主要是由电池的使用方式决定的。影响蓄电池寿命的因素有内在因素，例如蓄电池的结构、板栅材料、活性物质性能等，也有一系列的外在因素，例如放电电流密度、温度、放电深度、维护状况和贮存时间等。放电深度越深，使用寿命越短。过充电也会使得蓄电池寿命缩短。蓄电池寿命会随环境使用温度升高而延长。蓄电池寿命也与电解液浓度有关系，随着酸浓度增加，电池寿命降低。使用寿命是表征蓄电池容量衰减速度的一项重要指标，随着使用时间延长，蓄电池容量的衰减是不可避免的，当蓄电池容量衰减到某规定值时，即可以判定此蓄电池寿命终结[13, 14]。

（1）铅绒短路。在对大容量铅酸蓄电池研究中，我们发现铅绒短路是造成蓄电池性能下降并最终失效的重要原因。在蓄电池循环使用的过程中，正负极板上的活性物质和纤维添加物脱落下来，一部分以固体形态存在，另一部分溶解在电解液中。随着充放电的进行，溶解的这部分物质在负极还原沉淀下来，未溶解的物质和添加剂也可以在正负极板和极群其他地方沉淀下来。随着时间延长，蓄电池充放电周期的增加，沉淀下来的物质越来越多，并最终将正负极在局部连接起来，造成微短路，称之为铅绒短路。短路点自放电增加，温度升高。随着时间的积累，铅绒短路面积加大，充电效率大大降低，蓄电池容量下降，析氢量增加。同时，局部高温可能导致隔板烧穿，使隔板失去隔离作用，正负极连接成一体，电池结构损坏，功能丧失，最终导致蓄电池寿命终止。

（2）正极板栅的腐蚀变形。正板栅由于在充电过程中处在阳极，发生电化学腐蚀被氧化成硫酸铅和二氧化铅，致使其涨大变形，强度降低，导电能力下降，导致正极板腐蚀或严重腐烂，最终活性物质会脱落。

（3）正极活性物质脱落、软化。$\alpha-PbO_2$ 是活性物质的骨架，由于循环中 $\alpha-PbO_2$ 逐渐转化成 $\beta-PbO_2$，从而网络受到削弱和破坏，最终导致软化和脱落。70 年代有国外研究学者建立了珊瑚状结构模型，主要基于正极物质中存在两种尺寸的孔，孔的结构随着充放电循环的进行发生重新调整，小孔变大孔，颗粒密集到一定程度后就会脱落，从而使电极失效。

（4）不可逆的硫酸盐化。这主要是由于蓄电池过放电导致负极生成稳定的 $PbSO_4$ 晶体，严重时电极会失效，充电能力下降。正极自放电导致活性物质容量损失，并引起不可逆硫酸铅析出，最终导致电极损坏。

（5）锑在活性物质上的严重积累。随着充放电的循环，正板栅上的锑部分地转移到负极表面，使得充电电压降低，并且电池的大部分电流用于水的分解，导致蓄电池不能正常充电而失效。

（6）早期容量损失。早期容量损失是指蓄电池组在使用过程中，只用几个月或一年其容量就低于额定值的 80%，或其中个别蓄电池的性能急剧变差。造成容量早期失效的原因有：活性物质密度过低；装配压力过低，使极板活性物质和板栅界面的电阻增大；缺乏特殊添加剂如 Sn（锡）等；不适宜的循环条件而引起活性物质结构变化，使之失去"活性"。

1.3.5　蓄电池荷电保持能力

蓄电池荷电保持能力是指蓄电池在开路状态下，蓄电池储存的电量在一定环境条件下的保持能力。蓄电池自放电主要由蓄电池材料、制作工艺以及储存条件等多方面因素决定。通常情况下，蓄电池使用温度越高，电池自放电率就越大。蓄电池有一定的自放电是正常现象，例如充满电以后的蓄电池在存放过程中，其容量会因内部的自行放电而逐渐减少，原因在于被充电的阴极活性物质与硫酸发生反应，生成氢气而失去电量。另一个造成蓄电池放电的主要原因是蓄电池电解液不纯净或者单体蓄电池内电解液硫酸浓度不均匀，特别是电解液中硫酸下沉，出现上下浓差，这时就会使得极板产生电位差而引起自行放电。

综上所述，引起铅酸蓄电池自放电的原因主要在于电池内部存在杂质，使得正、负极分别形成了微电池，造成蓄电池容量损失。所以，铅酸蓄电池自放电现象是难以避免的。不同类型蓄电池，对其荷电保持能力要求不同，一般情况下，要求完全充电的电池在（25±2）℃环境中放置 28 天，其容量保持率应大于 95%。

1.3.6　比能量

电池的能量是指在一定放电制度下，蓄电池所能给出的电能，通常用瓦时（Wh）表示。电池的能量分为理论能量和实际能量。理论能量 W 可用理论容量和电动势（E）的乘积表示，电池的实际能量为一定放电条件下的实际容量 C 与平均工作电压 U 的乘积。蓄电池比能量是指电池单位质量或单位体积所能输出的电能，单位分别是 Wh/kg 或 Wh/l。比能量有理论比能量和实际比能量之分。前者指 1kg 电池反应物质完全放电时理论上所能输出的能量；实际比能量为 1kg 电池反应物质所能输出的实际能量。

由于各种因素的影响，电池的实际比能量远小于理论比能量，理论值为 170Wh/kg，但实际上，比能量只有 10～50Wh/kg。铅酸蓄电池比能量低的主要原因是：蓄电池的集流体、集流柱、电池槽和隔板等非活性部件增大了它的重量和体积，但活性物质的利用率却不高。

1.4　铅酸蓄电池发展现状

1.4.1　铅酸蓄电池产业发展现状

电池工业是新能源领域的重要组成部分，是全球经济发展的一个新热点，2006 年，美国十大科技计划中有两项为电池项目。铅酸蓄电池是一类安全性高、电性能稳定、制造成本低、应用领域广泛、可低成本再生利用的"资源循环型"能源产品，其生产属深加工、劳动密集型方式。近十年来，随着世界能源经济的发展和人民生活水平的日益提高，铅酸蓄电池的应用领域在不断地扩展，市场需求量也大幅度升高，在二次电源中，铅酸蓄电池已占有 85%以上的市场份额。铅酸蓄电池行业销售总额的三分之一，与电力、交通、信息等产业发展息息相关，在汽车、叉车等运输工具和大型不间断供电电源系统中处于控制地位，是社会生产经营活动和人类生活中不可或缺的产品。铅酸蓄电池产业是二十一世纪最有发展前途和应用前景的能源体系之一，关系到国家可持续发展战略的实现。正是因为铅酸蓄电池具有上述突出优势，是目前人们生活中的必需品，专家预测未来几十年铅酸电池的地位仍将无法替代。图 1-8 为北京矿冶研究院报道的每年铅酸蓄电池产量以及增长率趋势图。从图 1-8 中可以发现，在 2009—

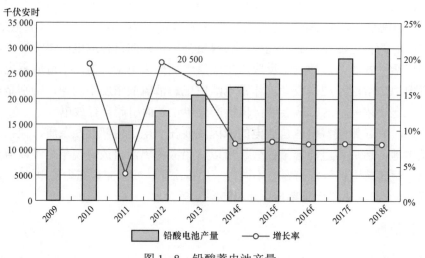

图 1-8　铅酸蓄电池产量

2013 年，铅酸蓄电池产量以年均 14.7%增速高速增长，一直增加至 2013 年的 2 亿 kVAh；在 2014—2016 年，增速放缓，但是仍能维持在 8%的增速，这是主要由于受汽车、电动自行车行业需求增长。

图 1-9 所示为目前我国铅金属消费结构图。从图中可以发现我国铅消费中 80%集中在铅酸蓄电池行业；而在铅酸蓄电池消费结构中，45%集中在电动自行车用铅酸蓄电池，第二大铅酸蓄电池消费主体为汽车行业，占铅酸蓄电池总消费的 34%。

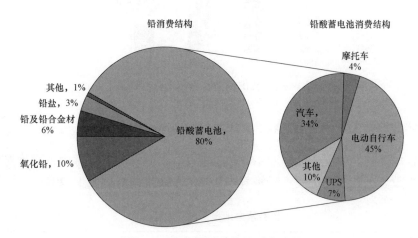

图 1-9　铅及铅酸蓄电池消费结构

中国作为世界铅酸蓄电池第一生产大国及主要出口国，对全球铅酸蓄电池行业有重大的影响。国民经济发展需要一个规范、健康、可持续发展的铅酸蓄电池清洁产业。在蓄电池产业快速发展阶段，行业污染问题渐渐随之成为社会和媒体关注的焦点[15]。目前，我国对铅烟、铅尘、硫酸雾和水的处理方法和技术已基本成熟，各大、中型铅酸蓄电池厂家不断加大技术改造力度，例如，在除尘方面普遍采用高效率的滤筒式除尘器替代静电除尘器，并且采用湿式除尘器净化铅烟，采用湍球式酸雾净化塔进行硫酸雾吸收处理，对含铅酸废水絮凝反应处理，从技术上消除或减少污染物对环境的影响，生产作业环境不断改善，多数大、中型生产企业做到了清洁生产，有一部分通过了国家环境体系认证[16]。在 2011 年，工业和信息化部出台了《铅酸蓄电池行业准入条件》，该《准入条件》对新建项目从总量控制、产业布局、技术装备、环境保护以及安全与职业卫生等方面提出了明确要求。例如，新增产能应与淘汰产能和市场增量等量置换，新建项目选址"应在依法批准设立的工业园区相应的功能区内"等。对现有企业，《准入条件》要求其应依法取得生产许可证、安全生产许可证、排污许可证和开展环境影响后环评，并要求其在 1 年内在生产工艺上采用自动配酸、自动分板、刷板以及自动烧焊或自动铸焊等先进技术，同时确定了现有项目的改扩建均应采用节能减排的内化技术。业界预计，《准入条件》的出台，将使半数铅酸蓄电池企业退出市场，图 1-10 显示了我国铅酸蓄电池企业数量的变化，从图中发现在 2015 年铅酸蓄电池企业数量已经减少至 300 家左右。

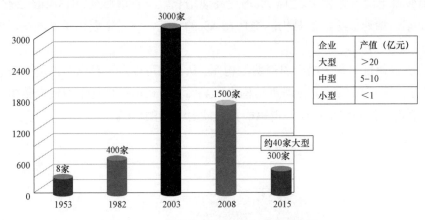

企业	产值（亿元）
大型	>20
中型	5~10
小型	<1

图 1-10　我国铅酸蓄电池企业数量变化

1.4.2　铅酸蓄电池技术发展现状

从铅酸蓄电池的发明至今已有近 160 年的历史，一直在化学电源中占有绝对优势，至今仍然占据着半数以上的市场份额。铅酸蓄电池技术发展里程碑见表 1-2[13]。

表 1-2　　　　　　　　　　　铅酸蓄电池技术发展里程碑

年份	人物	里程碑事件
1859	Plante	发明了第一只实用化铅酸蓄电池
1881	Faure	用氧化铅-硫酸铅铅膏涂在铅箔上制作正极板，增加了容量
1881	Sellon	提出用 Pb-Sb 合金铸造板栅
1882	Gladstone 和 Tribs	提出双硫酸盐化理论
1935	Haring 和 Thomas	用铅钙合金板栅替换了铅锑合金，缓解了需要经常维护的问题
1957	Otto Jache	使用凝胶电解液
1967	McClelland 和 Devitt	引进了超细玻璃纤维（AGM）隔板，阀控密封式铅酸蓄电池诞生
20 世纪 80 年代		高功率的双极性电池应用于 UPS、电动工具等领域
2004	L.T Lam	铅炭电池

铅酸蓄电池除了价格低廉、原材料易得，使用可靠，适用于大电流放电，使用环境温度范围广等突出优点以外，又有很多新技术的应用促使它更为成熟。新技术的应用使得铅酸蓄电池历经了许多重大的改进，提高了能量密度、循环寿命、高倍率放电等性能[17]。

（1）阀控铅酸蓄电池的发展。最初开口式铅酸蓄电池有两个主要缺点：① 充电末期水会分解为氢气和氧气析出，需经常加酸、加水，维护工作繁重；② 气体溢出时携带酸雾，腐蚀周围设备，并污染环境，这限制了电池的应用。1969 年，美国登月计划实施，阀控式密封铅酸蓄电池和镉镍电池被列入月球车用动力电源备选，最后镉镍电池被采用，但是，密封铅酸蓄电池技术从此得到发展。其基本特点是使用期间不用加酸、加水维护，电池为密封结构，不会漏酸，也不会排酸雾，电池盖子上设有单向排气阀（也叫安全阀），该阀的作用是当电池内部气体量超过一定值（通常用气压值表示），即当电池内部气压升高到一定值时，排气阀自动打，排出气体，然后自动关阀，防止空气进入电池内部。到 1975 年时，在一些发达国家已经形成了相当的生产规模，很快就形成了产业化并大量投放市场。

目前国内外生产的 VRLAB 主要采用两种技术：AGM 技术和 GEL 技术。

铅酸蓄电池 AGM 技术是贫液式设计，电池内部没有流动的电解液，它采用超细玻璃棉隔板，隔板吸收了足够的电解液后仍保持 10%左右的孔隙作为氧气的复合通道，正极析出的氧到负极复合，以实现氧的循环[18]。它具有自放电小、充电效率高的优点，极群采用装配紧密，内阻小，适合大电流放电，气体复合效率高，酸雾逸出少，初期容量较高，有较好的低温放电性能。

铅酸蓄电池 GEL 技术即生产胶体电池的技术。胶体电池中氧的复合通道是胶体收缩时所产生的裂纹，由于采用富液式设计，深放电的恢复特性较好，能防止电解液干涸，胶体的固定作用使电解液几乎不存在分层现象，在较高的环境温度下，胶体电池有较长的寿命[19]。但胶体电池在使用初期，裂纹少，复合效率低，控制阀经常打开排放酸雾，无法充分体现密封蓄电池在环保方面的优越性。经过一段时间，裂纹增多，这个缺点自然而然就会被克服。胶体电池属于铅酸蓄电池发展的一种分类，其原理是在硫酸中添加胶凝剂，使稀硫酸电解液变为胶态。电解液呈胶态的电池通常称之为胶体电池。胶体电池与常规铅酸电池的区别，从最初理解的电解质胶凝，进一步发展至电解质基础结构的电化学特性研究，以及在板栅和活性物质中的应用推广。综上所述，胶体电池与常规铅酸电池的区别不仅仅在于电解液改为胶凝状。例如非凝固态的水性胶体，从电化学分类结构和特性看同属胶体电池。又如在电池板栅中结附高分子材料，俗称陶瓷板栅，亦可视作胶体电池的应用特色。近期已有实验室在极板配方中添加一种靶向偶联剂，从而大大提高了极板活性物质的化学反应利用率。

胶体电池是目前世界上各项性能最优越的阀控式铅酸免维护蓄电池，性能稳定、可靠性高、使用寿命长，综合一下，具有以下的技术特点：① 采用固体凝胶电解质。在同等体积下，电解质容量大，热容量大，热消散能力强，能避免一般蓄电池易产生的热失控现象，对环境温度的适应能力强；② 内部无游离的液体存在，内部不会短路；③ 电解质浓度低，对极板腐蚀弱，浓度均匀，不存在酸分层现象；④ 采用无锑合金电池极板，电池自放电率极低，在 20 摄氏度下电池存放两年不需补充电；⑤ 超强的承受深度放电和大电流放电的能力，有过充电及过放电自我保护，电池在 100%放电后仍可继续接在负载上，在 4 周内充电可恢复至原容量；⑥ 长时间放电能力及循环放电能力强；⑦ 采用高灵敏度低压伞式气阀，无渗液/鼓胀现象；⑧ 采用滑动密闭技术，即允许电池使用后期极柱生长，且能保证极高的密封性能；⑨ 大容量电池采用正极管式极板，电池单体最大可做到 2V-3000AH，浮充使用寿命最长可达 20 年。

（2）新型阀控式铅酸蓄电池。阀控式铅酸蓄电池是一种低维护或完全免维护的电池，其性能不断得到改进，新的功能不断增加，已经逐步取代传统的铅酸蓄电池，成为新一代铅酸蓄电池。铅酸蓄电池的发展方向是完善 VRLAB 技术，也就是提高比能量和循环寿命等性能，以满足不同用途的电性要求，进一步提高 VRLAB 的可靠性。经过人们的不断努力，现在已经开发出几种新结构的阀控式铅酸蓄电池：水平式、圆筒式、双极性式、平面管式、智能型等。

（3）铅酸蓄电池新技术。近年来，铅酸电池在竞争中又发展了许多新技术，通过不断的技术革新，铅酸电池将焕发出新的生机。

1）超级电池。超级电池又称超级蓄电池，是由铅酸电池和超级电容器通过创新组合内并联而成的新型储能装置。它具有铅酸电池高能量和超级电容器高功率的优点，可以在同等体积内提供和接受更大的工作电流，适宜高倍率循环和瞬间脉冲放电等工作状态。超级电池由蓄电池与超级电容器复合在同一个电池内，不再另外并联超级电容器，这是一种最佳的组合形式[20]。电池内的超级电容器可提高蓄电池的功率并延长电池的使用寿命，因为它能在电池充/放电时对电池起到保护性的缓冲作用。这一复合体系能够适应电动车辆在加速与制动时快速提供能量与快速吸收能量。超级电池使用寿命长，动力强劲，能大电流放电，又能快速充电（充电接受能力强）[21]。另外，使用超级电池不需再另外并联超级电容器，使用范围更广，具有广阔的发展前景。

2）纯铅电池。该类型蓄电池最早由美国 GATE 公司研发成功，最初为圆柱形（CYCLON），后来由于用户系统容量需要，通过特殊的工艺和设备，生产出板式纯铅电池（PLATE）。随后，通过多年来的不断研发、改进，从电池的电化学性能、结构设计、电池材料（包括外壳材料）、制造工艺及控制都体现了铅酸蓄电池的最高水平[22]。

该技术是用自动化的压铸机器系统将纯铅碾压成铅带，冲压成正负板栅带。经连续涂板、切板、快速干燥、叠板、固化、COS 铸焊、最后包板成极组群。极组群入壳后，穿壁焊接、热封电池盖、密封极柱、真空加酸。电池在冷水槽中完成，在流水线末端进行测试、冲洗、干燥、出货。纯铅薄极板电池将活性物质利用率提高到了一个较高的水平。与浇铸的铅锡钙合金厚板栅相比，电池重量得到较大的降低，在提高电池重量比能量和浮充寿命的同时，效率和性能。

3）卷绕式铅酸蓄电池。卷绕式铅酸蓄电池是近年来开发的新产品，为螺旋型结构。通过采用压延铅合金的方式制造出了很薄的铅箔作为极板，厚度约为 1mm，并将正极板、隔板、负极板交替叠放并经高压卷绕在一起，制成电池单体为圆柱形的卷绕式铅酸蓄电池[23]。

卷绕式铅酸蓄电池与传统铅酸蓄电池的工作原理是一样的，它只是在制造工艺上有了改进，而正是这些改进使其具有区别于传统蓄电池更优异的特性，主要表现在以下 4 个方面：① 卓越的高低温性能，卷绕式铅酸蓄电池可在 −55～75℃范围内安全快速起动和牵引工作；② 充电迅速，在 40 分钟内可充入 95%以上的电量；③ 超长寿命，卷绕式铅酸蓄电池的起动次数高达 15000 次以上，相比于普通蓄电池一般 2000～4000 次左右的动力与起动次数来说，卷绕式铅酸蓄电池具更强劲的优势；④ 自放电小，可放置两年而不用充电，故从某种意义上真正实现了免维护。

4）铅碳电池。铅碳电池最早由美国宾夕法尼亚州的 Axion Power 公司研发的一种铅碳技术的新型蓄电池，即在铅负极中掺入活性炭、碳纳米管、活性炭纤维、碳气凝胶等高比表面碳材料，同时发挥高比表面碳材料的高导电性和对铅基活性物质的分散性，提高铅活性物质的利用率，并且能够抑制硫酸铅结晶长大，从而改善了电池在高倍率部分荷电状态下的循环性能，显著提高了铅酸电池的寿命。

根据加入碳材料方式的不同，还有一种用少量的炭材料来取代一部分负极活性物质，但是炭材料和铅没有明显的相界面，是将碳材料与铅膏直接均匀混合成为负极活性物质，被称为内混合式铅炭电池。这里所使用的炭材料主要起到负极添加剂的作用，炭材料的引入提高了负极活性物质的比表面积和电导率，并且其构成了活性物质的骨架，在硫酸铅晶体间形成了导电网络，使得电池的倍率性能和循环性能得到明显的改善，减弱了负极硫酸盐化现象[24]。

目前国内外研发的铅炭电池，基本上都集中在这种内混合式铅炭电池，因为这种铅炭电池和成熟的铅酸蓄电池的生产工艺基本相同，不需要增加额外特殊的设备，只是改变了负极铅膏的成分以及和膏的方式。

1.4.3 铅酸蓄电池回收及发展趋势

众所周知，铅酸蓄电池行业的污染，主要在生产加工和回收处理两个环节。随着国家对蓄电池生产环节的环保整治逐步深入，蓄电池企业积极推进清洁生产，环保防治水平不断提升，在生产环节的环保污染问题得到了有效的治理。但是在回收环节，由于我国尚未建立规范的蓄电池回收体系，以个体回收占主导的非法回收行为所造成的污染问题依然严重，这给整个铅酸电池行业造成了恶劣影响[25]。

目前，我国铅酸蓄电池行业回收方面主要面临两大问题：回收主体急需明确和回收新工艺的开发。随着行业回收技术的发展，目前的回收工艺已经得到飞速发展，但是目前我国铅酸蓄电池回收体系仍相对混乱，对此，我国政府一直在探索建立规范的废旧蓄电池回收体系。例如国家相关部门陆续制定了《废铅酸蓄电池处理污染控制技术规范》（HJ 519—2020）、《铅酸蓄电池行业准入条件》（工业和信息化部公告〔2012〕18 号文）、《再生铅行业准入条件》（工业和信息化部公告 2012 年第 38 号文件）、《铅蓄电池行业准入条件》（工业和信息化部公告〔2012〕18 号文件）、《再生铅行业准入条件》（工业和信息化部公告〔2012〕38 号文）、《废电池污染防治技术政策》（环发〔2003〕163 号文）、《废铅酸蓄电池处理污染控制技术规范》（HJ 519—2020）、《清洁生产标准　废铅酸蓄电池铅回收业》（HJ 510—2009）、《再生资源回收管理办法》（商务部、发展改革委、公安部、建设部、工商总局、环保总局〔2007〕第 8 号令）等国家对蓄电池和铅回收的各类产业政策和法律法规。但由于缺乏行之有效的数据化监管平台，我国对废旧蓄电池回收乱象没有达到根治效果。

回收体系混乱主要表现在以上几个方面：废旧铅酸蓄电池回收处于无序状态，80%流入非法回收处理企业，多是一些小作坊、小厂，而欧美等发达国家 90%以上则流入正规回收处理单位；缺乏全国性、区域性的回收网络，现行法律法规中，对整个系统的生产者、销售者、使用者、回收者的责任没有规范性要求，而国外则大多对铅资源实行强制回收。

未来，铅酸蓄电池回收行业将有以下发展趋势：① 谁生产谁回收，谁销售谁回收；② 建立有序的废铅酸电池回收体系，参照国外通行的回收办法，利用销售渠道建立废电池回收网络，建立电池生产销售回收运输再生产再利用的闭合产业链[26]。目前，国内一些大的铅酸蓄电池企业已经做了很好的表率，例如，著名铅酸蓄电池企业风帆股份有限公司提出基于物联网技术构建清洁铅循环体系的铅酸蓄电池回收技术。通过这种形式的回收技术，政府部门可以快速地掌握报废铅酸蓄电池流向，重点对集中贮存点进行环保监测，及时地制订废电池贮存、运输技术规范，有效地预防环境风险，同时企业还可以及时获得上下游企业原料及废料的信息，积极主动吸收消化废料，并形成企业间的良好合作。对于公众来说，可以快速地知情废电池主要产生区域、产生量，最大限度地了解废电池收集信息，有助于提高收集效率。国家部委也可以获得信息，及时调整与制订新的管理政策。图 1-11 所示为基于互联网技术的铅回收体系图。

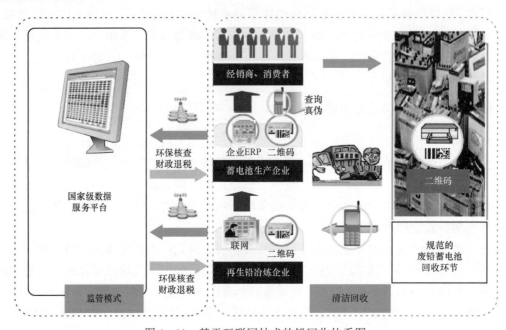

图 1-11　基于互联网技术的铅回收体系图

阀控式铅酸蓄电池及其应用

2.1　阀控式铅酸蓄电池特点

阀控式铅酸蓄电池在充电过程中负极反应近似为还原反应，所以负极也称为阴极。阀控式铅酸蓄电池负极活性物质相对于正极有盈余，超细隔板透气性好，能吸附全部电解液，使电解液在蓄电池内部无流动性，同时又有自动开、闭的安全阀，保证了正极产生的氧气在蓄电池内部循环的方式被阴极吸收，即为阴极吸附式原理[27]。由于阀控式铅酸蓄电池具有独特的内部设计结构，保证了电池内部氧气循环复合的有效建立，在传统消氢和防酸隔爆铅酸蓄电池的基础上进行了改进，已成为一种新型的换代产品，并广泛地应用于通信行业。阀控式铅酸蓄电池具有以下几个特点[28]：

（1）密封程度高。在正常操作中，电解液不会从电池的端子或外壳中泄漏出。

（2）没有自由酸。特殊的吸液隔板将酸保持在内，电池内部没有自由酸液，因此电池可放置在任意位置。

（3）泄气系统。电池内压超出正常水平后，阀控式密封铅酸蓄电池会放出多余气体并自动重新密封，保证电池内没有多余气体。

（4）维护简单。由于气体复合系统使产生的气体转化成水，在使用阀控式密封铅酸蓄电池的过程中无需补充任何液体，同时在使用过程中不会产生酸雾，气体，维护工作量极小。

（5）使用寿命长。电池的正负极板完全被隔离板包围，有效物质不易脱落，阀控式密封铅酸蓄电池可浮充使用 10～15 年。

（6）放电性能好。电池的内阻较小，大电流放电的特性好。

（7）自放电系数小。阀控式密封铅酸蓄电池的极板栅采用无锑铅合金，电池的自放电系数很小。

2.2　阀控式铅酸蓄电池应用现状

近年来，随着汽车工业、电信及 IT 网络等基础设施，动力车辆以及再生能源产业（太阳能、风能等）的飞速发展，作为首选的阀控式密封铅酸蓄电池得到了快速的发展。随着各国环保要求的提高，铅酸蓄电池技术水平不断提高，目前阀控式铅酸蓄电池已经发展成为铅酸蓄电池行业处于主导地位的产品。

其原有主要应用领域如汽车用、摩托车用、备用电源用等在大幅增长，也在新的应用领域如电动助力车用、游览车用等得以发展，阀控式电池技术的发展，满足了高科技如 UPS、电力、通信等设备用电源的需要。由于铅酸电池技术的不断进步，使得电动助力车产业获得巨大发展，并对减少燃油汽车和燃油摩托车的污染做出了贡献。免维护技术、拉网板栅技术的发展，满足了汽车产业快速发展的需求[29-33]。可以说在这些应用领域中铅酸蓄电池的技术进步对提高国家竞争力做出了极大的贡献。

随着太阳能、风能等自然能的开发利用和电动汽车产业的发展，铅酸蓄电池作为一种安全性高、电压带宽、价格低廉的最佳能源产品迎来广阔的发展空间。近十年来，我国铅酸蓄电池市场规模迅速扩大，产量以平均每年 20% 的速度快速增长，总体规模增长了 2 倍。目前我国的铅酸蓄电池在核心技术方面正在缩短与发达国家的差距，产品研发水平已普遍接近世界先进水平。

据中国产业调研网发布的 2015—2020 年中国铅酸蓄电池行业发展研究分析与发展趋势预测报告显示，截至 2014 年末，我国铅酸蓄电池制造厂家已达到 1151 家，生产量平均以每年约 20% 的速度快速增长，2014 年全年产量 22069.77 万千伏安时，同比增长 4.58%，产量约占世界产量的 1/3，出口量、出口额分别以每年高达 29% 和 34% 左右的速度递增，在国际市场上具有举足轻重的地位，成为全球铅酸蓄电池的生产和消费大国。

目前铅酸蓄电池行业的产品分类如表 2-1 所示。

表 2-1　　　　　　　　　　　　铅酸蓄电池行业的产品分类

部分	大类	序号	小类	备注
一	起动用铅酸蓄电池	1	起动用铅酸蓄电池	用于汽车、拖拉机、农用车点火、照明
		2	舰船用铅酸蓄电池	用于舰、船发动机的点火
		3	内燃机车用排气式铅酸蓄电池	用于内燃机车的点火及用电设备
		4	内燃机车用阀控式密封铅酸蓄电池	用于内燃机车的点火及辅助用电设备
		5	摩托车用铅酸蓄电池	用于摩托车的点火、照明
		6	飞机用铅酸蓄电池	用于飞机的点火
		7	坦克用铅酸蓄电池	用于坦克的点火、照明
二	动力用铅酸蓄电池	8	牵引用铅酸蓄电池	用于叉车、电瓶车、工程车的动力源
		9	煤矿防爆特殊型电源装置用铅酸蓄电池	用于煤矿井下车辆动力源
		10	电动道路车辆用铅酸蓄电池	用于电动汽车、电动三轮车的动力源
		11	电动助力车辆用铅酸蓄电池	用于电动自行车、电动摩托车、高尔夫球车及电动滑板车等动力源
		12	潜艇用铅酸蓄电池	用于潜艇的动力源
三	固定用铅酸蓄电池	13	固定型防酸式铅酸蓄电池	用于电信、电力、银行、医院、商场及计算机系统的备用电源
		14	固定型阀控式密封铅酸蓄电池	用于电信、电力、银行、医院、商场及计算机系统的备用电源
		15	航标用铅酸蓄电池	用于航标灯的直流电源

续表

部分	大类	序号	小类	备注
三	固定用铅酸蓄电池	16	铁路客车用铅酸蓄电池	用于铁路客车车厢的照明
		17	储能用铅酸蓄电池	用于风能、太阳能发电系统储存电能及太阳能、风能储用；路灯照明电源
四	其他用途铅酸蓄电池	18	小型阀控式密封铅酸蓄电池	用于应急灯、电动玩具、精密仪器的动力源及计算机的备用电源
		19	矿灯用铅酸蓄电池	用于矿灯的动力源
		20	微型铅酸蓄电池	用于电动工具、电子天平、微型照明直流电源

根据中国化学与物理电源行业协会酸性电池分会和中国电池工业协会铅酸蓄电池分会对 2012 年全国 39 家企业的汇总统计，39 家企业合计产量为 15 875.95 万 kVAh，其中汽车起动用电池、固定用电池、电力助力车用电池等各类电池的产量结构如图 2-1 所示。

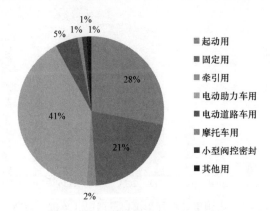

图 2-1 各类电池的产量结构图

如图 2-1 所示，铅酸蓄电池最大用途为电动助力车用，约占 41%的比例，主要用于电动自行车、高尔夫球车及电动滑板车等动力源；其次是汽车启动用，约占 28%的比例；固定用电池约占 21%的比例，主要用于电信、电力、银行、医院、商场及计算机系统的 UPS 备用电源、太阳能风能储能用等；电动道路车用约占 5%的比例，主要用于电动汽车、电动摩托车的动力源；牵引用电池约占 2%的比例，主要用于各型电动叉车、搬运车及井下隧道用电机车、移动设备的动力源；摩托车用约占 1%的比例，主要用于摩托车的启动、点火和照明用电源；其他小型阀控密封蓄电池约占 1%的比例，主要用在应急灯、电动玩具、精密仪器的动力源及计算机的备用电源。

（1）电动自行车动力电池需求。全球电动自行车市场发展迅速，我国 1998 年至 2010 年 13 年间电动自行车行业快速发展，平均增速达到 68%，2005 年以来，产业规模迅速扩大。2010 年全国电动自行车产量达到 2954 万辆（见图 2-2）。从出口方面来看，2010 年电动自行车出口从金融危机中迅速恢复，达到 58 万辆（见图 2-3），同比增长 44.6%，日本、西欧、北美是主要出口市场。据统计，2011 年全国电动自行车产量为 3096 万辆，同比增长 4.8%；2012 年电动自行车产量为 3505 万辆，同比增长 13%；2013 年电动自行车总产量为 3695 万辆，同比增长 5.4%。经历了四部委联合整顿并受到铅酸蓄电池行业环保整治，电动自行车行业已进入了增速放缓、发展稳定的时期。

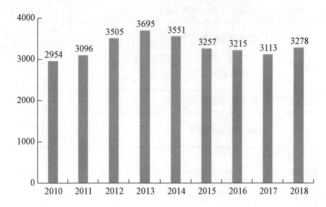

图 2-2　2000—2018 年我国电动自行车产量情况（单位：万辆）

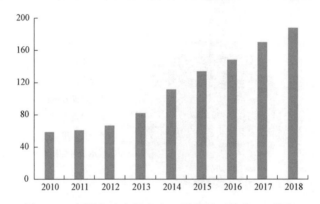

图 2-3　中国电动自行车出口量情况（单位：万辆）

2010 年中国电动自行车的市场保有量为 1.1 亿辆（见图 2-4），而且以每年 30% 的速度增长。作为绿色能源产业中的一支，中国电动自行车产业已经连续保持了 10 多年的高速增长，特别是 2011 年以来，年产销量都超过 3000 万辆，2012 年更是达到了 3505 万辆，目前中国电动自行车社会保有量已经超过 2.5 亿辆。从能耗角度看，电动自行车只有摩托车的 1/8、

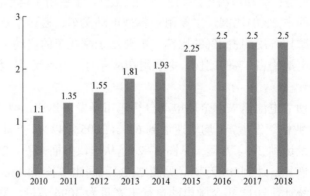

图 2-4　中国电动自行车保有量规模情况表（单位：亿辆）

小轿车的十二分之一。从占有空间看，一辆电动自行车占有的空间只有一般私家车的二十分之一，成为非常有效的节能交通工具。

根据统计，目前国内市场上的 2.5 亿辆电动自行车中，90%使用的是铅酸蓄电池，虽然市场受到镍氢电池和锂电池的挑战，但是由于高比能量铅蓄电池的研发，质量不断提高，市场不断成熟，且价格较低，在中国，铅酸蓄电池仍将充当电动助力车的主角，拥有巨大的配套电池和替换电池市场。

（2）汽车动力电池需求。我国《汽车产业调整和振兴规划》提出了电动汽车产销形成规模的重大战略目标，即通过改造现有生产能力，于 2011 年形成 50 万辆纯电动、充电式混合动力和普通型混合动力等新能源汽车产能，新能源汽车销量占乘用车销售总量的 5%左右。工业和信息化部"新能源汽车及节能汽车产业发展计划"确定发展以电动汽车（EV）和插电式混合动力车（PHEV）为核心的新能源汽车产业，明确在 2020 年之前实施千亿元投资进行扶持，到 2015 年纯电动汽车和插电式混合动力汽车市场保有量达到 50 万辆以上，2020 年实现普及 500 万辆新能源汽车。

而铅酸蓄电池在微型、轻度混合电动汽车的运用技术已经非常成熟，铅酸蓄电池作为车载动力电池仍然具有较强的竞争力，与 Ni–MH 和 Li–ion 电池相比具有价格便宜、安全性高、制造基础好等优点。

根据中国电器工业协会铅酸蓄电池分会制定的《铅酸蓄电池行业"十二五"发展规划》，到 2011 年新能源汽车形成 50 万辆的产能，其中纯铅酸蓄电池动力源电动汽车占据到 60%以上的份额，中低速电动汽车将基本采用铅酸蓄电池。预计到 2020 年中国将形成 100 亿的动力蓄电池市场需求。

（3）汽车起动用铅酸蓄电池。汽车起动用蓄电池是铅酸蓄电池最主要用途，约占铅酸蓄电池需求量的 40%。虽然镍氢电池和锂离子电池等新型电池发展很快，但由于价格等原因还不可能替代铅酸蓄电池在汽车启动电池中的地位。

中国汽车产业的高速发展给蓄电池行业带来了空前的机遇。预计 2020 年汽车产量将达 3127 万辆，汽车保有量将达 27223 万辆。中国汽车市场已经进入了高速发展时期，汽车动力总成需求量大幅增长，汽车蓄电池的产量年均递增达到 18%左右。

（4）UPS 电源需求。UPS 电源即不间断电源，作为一种具有储能装置的电子交流变换系统，其基本功能是在市电中断供电时，能不间断供电，始终向负载提供高质量的交流电源，达到稳压、稳频、抑制浪涌、尖峰、电噪声、补偿电压下陷、长期低压等因素干扰。

UPS 电源系统按其应用领域可分为：信息设备用 UPS 电源系统和工业动力用 UPS 电源系统两个大类别。信息设备用 UPS 电源系统主要应用于：信息产业、IT 行业、交通、金融行业、航空航天工业等计算机信息系统、通信系统、数据网络中心等的安全保护问题，其作为计算机信息系统、通信系统、数据网络中心等的重要外设，在保护计算机数据、保证电网电压和频率的稳定，改进电网质量，防止瞬时停电和事故停电对用户造成的危害等方面是非常重要的。

工业动力用 UPS 电源系统主要应用于：工业动力设备行业电力、钢铁、有色金属、煤炭、石油化工、建筑、医药、汽车、食品、军事等领域。作为所有电力自动化工业系统设备、远方执行系统设备、高压断路器的分合闸、继电保护、自动装置、信号装置等的交、直流不间断电源设备，它的质量直接关系到电网的安全运行，是发电设备和输变电设备的"心脏"。

UPS 电源行业的发展，导致铅酸蓄电池市场需求的增长。UPS 电源行业发展是铅酸蓄电池产品部分重要市场需求的推动力，铅酸蓄电池产品市场需求的重要直接推动力是汽车工业的发展、通信行业的发展、电力行业的发展、电动自行车行业的发展、电动汽车的发展以及太阳能风能行业的发展。

（5）通信电力用铅酸蓄电池。铅酸蓄电池在通信行业主要用在移动基站的备用电源，在电力行业主要用在发电厂、变电站的控制保护和动力直流供电系统的备用电源和储能电源。

近些年受益于 4G 飞速发展需要，在基站建设方面，中国移动基站数呈现稳定增长趋势。随着中国工信部颁发了 5G 牌照，中国 5G 基站建设开始加速。根据工信部统计数据显示，2018 年，全国净增移动通信基站 29 万个，总数达 648 万个。其中 4G 基站净增 43.9 万个，总数达到 372 万个；2019 年上半年，受物联网业务高速增长、基站需求增大影响，移动通信基站总数达 732 万个，其中 4G 基站总数为 445 万个，占 60.8%。因此，国内通信业对阀控式密封铅酸蓄电池需求将稳定增长。

根据《中国电力工业"十二五"规划研究报告》，2015 年对电力规划的建议目标是：全国发电装机容量达到 14.37 亿 kW 左右，年均增长 8.5%。全国 110kV 及以上线路达到 133 万 km，变电容量 56 亿 kVA；2020 年提出的建议目标是：全国发电装机容量达到 18.85 亿 kW 左右，年均增长 5.6%；全国 110kV 及以上线路达到 176 万 km，变电容量 79 亿 kVA。根据国家电网公司的规划，"十二五"期间，国家电网将投资 5000 亿元，建成连接大型能源基地与主要负荷中心的"三横三纵"的特高压骨干网架和 13 回长距离支流输电工程，初步建成核心的世界一流的坚强智能电网。电力行业的发展，必然会导致对铅酸蓄电池产品需求的增长。

（6）风能、太阳能储能电池。国家能源局《新兴能源产业发展规划》提出，到 2015 年太阳能发电装机达到 500 万 kW，到 2020 年太阳能发电装机达到 2000 万 kW；到 2020 年中国风电装机容量达到 1.5 亿 kW，年均风电新增装机容量为 1100 万 kW。

风力和光伏发电受大自然条件变化的影响而具有间歇性和随机性的特点，出力波动范围通常较大，速度也较快，在没有储能设备的支持下，无法像其他常规电源那样对其出力进行安排和控制，因此，这两种发电系统都需要储能电池。一旦再生能源大规模走向应用，经济有效、简便操作的储能电池就变得迫在眉睫。

小型风能和太阳能发电系统普遍采用铅酸蓄电池作为储能电池[34]。目前风力发电机组已由千瓦级发展到兆瓦级，这就要求储能系统必须大型化。同时，由于发电系统地理位置的限制，储能系统必须安全可靠、使用方便、价格便宜、充电效率高、使用寿命长并且有充分的抗恶劣天气和使用条件的能力。而阀控式密封铅酸蓄电池由于其稳定的性能特点和较低的成本，被世界各国的风能和太阳能发电系统储能装置所广泛使用。铅酸电池依靠其成熟的技术优势和低廉成本，在储能领域具有极强的竞争力。

2.3　阀控式铅酸蓄电池在电力系统的应用

阀控式铅酸蓄电池，是最近十几年发展起来的一种先进的铅酸蓄电池。由于其在使用过程中可以保持阀控式密封，不需加酸加水维护，无酸雾逸出，不污染环境，不腐蚀设备，电池可立放、卧放或积木式安装，节省占地面积的优点，在国际国内受到广泛重视，而且逐步被推广应用。特别是在工业蓄电池领域。据国外资料统计，在美国和欧洲固定型和浮充式电池中，已有约 80% 为阀控式蓄电池。目前已广泛应用于我国的邮电、通信、高层建筑、交流不停电电源等领域。随着阀控式蓄电池在我国其他领域尤其是邮电通信方面的广泛应用，以及阀控式蓄电池的生产制造在国内的兴起，我国电力系统自 20 世纪 90 年代初开始将阀控式蓄电池用于火力发电厂、变电站的控制保护和动力的直流系统中。在新建扩建的各类型发变电工程和已投运的发电厂、变电站，遍及全国各地都程度不同地采用了阀控式蓄电池。

近年来，新增的火电厂中大部分选用了阀控式蓄电池，加上运行单位自行更换选用的蓄电池，目前从中小型火电厂直到单机容量 600MW 的大型火电厂，从 110kV 无人值守小型配电变直至 500kV 枢纽变，都在使用阀控式蓄电池。蓄电池有用于 48V 控制、110V～220V 控制，以及 220V 动力负荷、容量从 100Ah 至 4500Ah 不等。另外，一些 20 世纪 70 年代、80 年代投运的火电厂，当原有蓄电池报废需更换时，也逐渐更换为阀控式蓄电池，采用阀控式蓄电池的火电厂所占比例呈逐年上升趋势。

2.3.1　直流操作电源系统

发电厂和变电站中，为控制、信号、保护和自动装置（统称为控制负荷），以及断路器电磁合闸、直流电动机、交流不停电电源、事故照明（统称为动力负荷）等供电的直流电源系统，通称为直流操作电源[35]。

直流操作电源是变电站、发电厂的重要设备之一，而蓄电池是直流操作电源的核心部件。在变电站交流停电时，蓄电池组若不能可靠地供电，一旦发生事故，继电保护、自动装置及高压断路器就会因无直流操作电源而拒动，导致故障无法及时切除，甚至造成电网瘫痪等重大事故[36]。

在直流操作电源系统中，主要的设备有蓄电池组、充电装置、绝缘监测装置以及控制保护等设备。20 世纪 90 年代发展起来的阀控式铅酸蓄电池，以其全密封、少维护、不污染环境、可靠性较高、安装方便等一系列的优点，在 90 年代中期以后在直流操作电源系统中得到普遍应用。

2.3.2　直流操作电源系统工作原理

（1）交流正常工作状态。系统的交流输入正常供电时，通过交流配电单元给各个整流模块供电。高频整流模块将交流电变换为直流电，经保护电器（熔断器或断路器）输出，一面给蓄电池组充电，另一面经直流配电馈电单元给直流负载提供正常工作电源[37-40]。

（2）交流失电工作状态。系统交流输入故障停电时，整流模块停止工作，由蓄电池不间断地给直流负载供电。监控模块实时监测蓄电池的放电电压和电流，当蓄电池放电到设置的终止电压时，监控模块报警。同时监控模块时刻显示、处理配电监控电路上传的数据。

（3）系统工作能量流向。系统工作时的能量流向如图 2-5 所示。

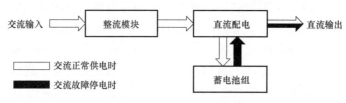

图 2-5　系统工作能量流向图

2.3.3　直流系统中阀控式铅酸蓄电池组运行中存在的问题

蓄电池组是一个独立于发电厂、变电站用交流电源的直流电源。在正常状态下它为断路器提供合闸电源；当发电厂、变电站用电中断时，为继电保护及自动装置、断路器跳闸与合闸、拖动机械设备的直流电动机、通信、事故照明提供电源。因此，电力系统中直流电源兼有控制和保安两种功能。其工作可靠性和安全性极为重要[41]。

要保证蓄电池组直流电源能可靠地、不间断地供电，蓄电池的正确使用和系统的合理设计是非常关键的。阀控式铅酸蓄电池由于其具有体积小、重量轻、放电性能高、维护量小等特点，在电力系统直流电源中得到普遍的应用。

对于阀控式铅酸电池，通常的性能变坏机制有：正极板群的腐蚀、活性性质的脱落、深放电引起的钝化和深度放电后的恢复等[42]，以下是几种性能变坏的情况：

（1）热失控。热失控是指蓄电池在恒压充电时，充电电流和电池温度发生一种累积性的增强作用，并逐步损坏蓄电池。

浮充电压是蓄电池长期使用的充电电压，是影响电池寿命至关重要的因素[43]。一般情况下，浮充电压定为 2.23～2.25V/单体（25℃）比较合适。如果不按此浮充范围工作，而是采用 2.35V/单体（25℃），则连续充电 4 个月就可能出现热失控；或者采 2.30V/单体（25℃），连续充电 6～8 个月就可能出现热失控；要是采用 2.28V/单体（25℃），则连续 12～18 个月就会出现严重的容量下降，进而导致热失控。热失控的直接后果是蓄电池的外壳鼓包、漏气，电池容量下降，最后失效。

（2）硫酸盐化。极板的硫酸盐化是不可逆硫酸化，这种现象是由于使用维护不当造成的。所谓硫酸盐化，是活性物质在一定条件下生成坚硬而粗大的硫酸铅，它不同于铅和二氧化铅在放电时生成的硫酸铅，它几乎不溶解，所以在充电时不能转化为活性物质，使电池减少了容量，坚硬而粗大的硫酸铅常常是在电池组长期充电不足或是在半放电状态长期储存的情况下，加上温度的波动使硫酸铅再结晶而形成的。硫酸盐化的根本原因是电解液中有表面活性物质之类的杂质，如果它们吸附在硫酸铅表面上，则将使硫酸铅溶解缓慢，因而限制了在充电时二价铅离子的阴极还原，如果表面活性物质吸附在金属铅上，则在充电时提高了铅在铅表面形成晶核的能量，即提高了铅析出的过电位，因而充电不能正常进行。正极硫酸盐化比较困难，这是因为正极充电时进行阳极极化，其电位值较正，足以把表面活性物质氧化掉，所以正极不容易发生硫酸盐化。

因此，当电池放电时，由于硫酸盐覆盖于活性物质表面，因而影响了活性物质的有效反应面积，致使可用的放电安时容量减小，大大降低了蓄电池容量[44]。

（3）正极板群的腐蚀和脱落。阀控式铅酸电池中，这种形式的性能变坏更加严重。由于氧循环反应，负极活性物质被持续氧化生成硫酸铅，有效地维持了放电状态，因此降低了负极板的电位。而对于给定的浮充电压正极板群的电位则相应较高。由于板栅是活性物质附着的载体，板栅一旦腐蚀，就会带来活性物质的脱落，从而带来蓄电池容量的下降。

（4）电解液及隔膜的变化。铅酸蓄电池失水会导致电解液密度增高、导致电池正极栅板的腐蚀，使电池的活性物质减少，从而使电池的容量降低而失效。

阀控式铅酸蓄电池的隔膜具有多孔结构和很强的吸液能力，不但可以吸附电解液，而且可以保证氧的扩散和再化合。隔膜在初始安装时承受一定压力，以使隔膜与极板紧密接触，为正、负极板间的离子流动提供良好的通路。

阀控式铅酸蓄电池在长期工作中，由于隔膜与电解液间的表面张力的相互作用，隔膜的玻璃纤维分子会重新排列成紧凑的结构而导致隔膜的收缩、厚度变薄、失去弹性，隔膜原来承受的压力减小。隔膜收缩会导致内阻增大，容量降低。

2.3.4 直流系统中阀控式铅酸蓄电池组运行的维护措施

（1）新蓄电池组的投入及使用过程。一般情况下，新电池从出厂至安装再到投入运行会有一段时间，特别是基建安装调试期间，电池因长时间的自放电，电池容量会有不同程序的损失，且由于各电池自放电大小的差异，导致电池的电解液密度、电池端电压等的不均匀。因此，在电池投入运行前，须进行电池进行一次补充放电，否则，个别电池会进一步扩展为落后电池并导致整组蓄电池出问题[45]。

（2）在线运行的蓄电池组的均充电和浮充电。电池投入使用后，正常运行，应按照生产厂商的充电要求进行蓄电池充电参数的设置。尤其是目前的直流开关电源充电设备，其智能化的方式和程序都不尽相同，开关电源设置参数不合理，直接引起电池欠充，过充或过放，从而导致电池寿命缩短。

1）电力系统用电池一般在浮充电状态运行，而浮充电运行是蓄电池的最佳运行条件，此时电池一直处于满荷电状态，在此条件上运行，电池将达到最长的使用寿命，因此浮充电压的设置对电池寿命至关重要。

2）阀控式蓄电池的浮充电压值在25℃时，为（2.25±0.02）V/单体。建议在取 2.25～2.26V/单体，即此中心值略高一点。这是因为蓄电池标准环境温度为25℃，为保证蓄电池在长期浮充电条件下能充足电，特别是老式相控开关电源，设备无自启动均充电功能时，适当提高浮充压值对运行是有利的。电池进行短时间放电后，即使对电池没有均充电补足电能，但由于平时浮充电取较高，一段时间浮充电后，也能补足电能。

3）电池在浮充电运行时，充电电压应随环境做适当调整，浮充电压数值可按温度补偿系统−3.5mV/度单体进行计算，即温度升高 1℃，浮充电压下降 3.5mV，温充降低，浮充电压上升 3.5mV。

（3）做好蓄电池日常的运行维护管理[46-48]。

1）每月进行测一次单体电池电压和电池组电压。端电压是反映蓄电池工作状况的一个重要参数，阀控密封铅酸蓄电池端电压的测量不能在浮充电状态，还应在放电状态下进行。浮充电状态下的电池端电压测量，由于外加电压的存在，测量出的电池端电压易造成假现象，即使有些电池有问题，也能测量出似乎正常的数值（实际上是外加电压在该电池两端造成的压差），这极易在交流失电时造成变电站事故，定期在放电状态下进行电池端电压测量，这种情况就完全可以避免。

2）保持电池环境清洁，防止发生电池短路事故。定期检查电池极柱、安全阀和电池水槽是否有渗液和酸雾溢出。每半年检查连接螺栓是否有松动，蓄电池的外观正常，外表温度正常，清扫灰尘，拧紧连接螺栓，除锈凡士林保护。

3）定期进行核对性充放电容量试验。每年对电池以实际负荷进行一次核对性容量充电，放出额定容量的 30%～40%，根据放电曲线评估蓄电池容量。每 3 年进行一次容量测试，使用 6 年后每年做一次，即对蓄电池组进行全充全放。通过放电和充电过程的循环，活性物质得到活化，防止钝化。阀控式蓄电池充放电或补充电的条件是：一是电池组中有 2 只或 2 只以上单体电池电压低于 2.18V；二是蓄电池闲置停用时间超过 3 个月；三是电池全浮充运行达 3 个月。

4）做好设备日常巡视检查：① 巡视维护中要检查直流充电装置浮充电电流、浮充电电压是否在合格范围，与直流母线的实际值是否一致；② 两路交流电源输入是否正常，并做好定期切换试验；③ 定期检查充电装置充电方式和运行参数，是否按规程要求和定值单进行设置；④ 定期进行直流监控装置控制程序试验，检查充电装置能否自动进行恒流限压充电—恒压充电—浮充电状态自动切换，且正常运行应处于浮充电。

退运铅酸蓄电池评价分级技术

掌握退运铅酸蓄电池的各项性能指标及过程变化，对退运铅酸蓄电池进行评价分级[49]，是开展退运铅酸蓄电池性能修复和再利用的第一关键环节[50-52]。

3.1 铅酸蓄电池性能特性

为了掌握铅酸蓄电池性能特征、课题组对省内在用阀控式铅酸蓄电池的运行现状及退运状态进行了测试和研究，具体如下：

课题组在某省选择了 12 组在运铅酸蓄电池进行在线检测和分析测试，并重点对其浮充电压、内阻等基本信息进行测试以掌握变电站铅酸电池的运行现状。在全省范围内对 18 个变电站的 24 组已退运铅酸蓄电池的基本信息进行整理，对电池的存放状态进行核查，并对电池开路电压、内阻等性能进行测试和分析，掌握铅酸蓄电池退运状态。

总结整理在运、退运铅酸蓄电池性能特点，所取样测试的在运、退运电池基本信息如表 3-1 和表 3-2 所示。

表 3-1　　　　　　　　　　在运铅酸蓄电池测试信息表

组号	变电站等级	变电站类型	单体蓄电池容量	单体电池电压	电池运行时间	电流测试	电池间温度	电池间湿度	电池监测
1	110kV	有人	300Ah	2V	3 年	有	—	—	有
2	220kV	有人	300Ah	2V	4 年	—	25	7%	—
3	220kV	有人	300Ah	2V	4 年	—	25	7%	—
4	220kV	无人	300Ah	2V	2 年	有	—	—	有
5	220kV	无人	300Ah	2V	8 年	有	—	—	有
6	110kV	无人	200Ah	2V	4 年	—	—	—	有
7	110kV	无人	200Ah	2V	4 年	—	—	—	有
8	220kV	无人	300Ah	2V	3 年	—	14	36%	有
9	220kV	无人	300Ah	2V	3 年	—	14	36%	有
10	110kV	有人	300Ah	12V	2 年	—	—	—	—
11	35kV	有人	300Ah	12V	10 年	—	—	—	—
12	35kV	箱变	300Ah	12V	2 年	—	—	—	—

表 3-2　　　　　　　　　　　　　退运铅酸蓄电池测试信息表

序号	运行编号	容量（Ah）	投运日期	退运日期	运行年限
1	#1	300	2004-10-15	2014-6-30	10
2	#1	180	2003-8-26	2014-8-30	11
3	#1	180	2000-6-1	2014-4-30	14
4	#1	200	2003-8-19	2014-5-30	11
5	#1	180	2003-5-1	2014-10-30	11
6	#1	200	2001-11-1	2012-12-15	11
7	#1	200	2002-7-15	2013-9-5	11
8	#1	200	2001-5-20	2013-10-18	12
9	#1	200	2006-11-20	2014-1-15	8
10	#1	200	2002-1-10	2014-6-30	12
11	#1	200	2002-1-10	2014-6-30	12
12	#1	200	2004-11-8	2014-7-30	10
13	#2	200	2004-11-8	2014-7-30	10
14	#1	300	2003-10-25	2014-7-30	11
15	#2	300	2006-12-28	2014-7-30	8
16	#1	200	2003-7-15	2014-6-30	11
17	#2	200	2003-7-15	2014-6-30	10
18	#1	300	2003-5-30	2013-12-30	10
19	#2	300	2003-5-30	2013-12-30	10
20	#1	300	2007-11-20	2013-11-20	6
21	#2	300	2007-11-20	2013-11-20	6
22	#1	400	2003-11-30	2014-6-30	11
23	#2	300	2004-6-30	2014-6-30	10
24	#1	400	2001-9-20	2012-6-30	11

通过对在运电池测试分析，发现在运电池性能有如下显著特点：

（1）在运电池单体电压基本保持在一个稳定的区间，同组电池和不同电池间在线电压差别很小。

（2）电池内阻差别较大，显示在运电池一致性下降。

（3）电压内阻的变化具有一定的同步性，而电压的波动主要来自内阻极化产生的压降或压升，故同一组在运电池中电压的波动性与内阻的波动性基本一致，见图 3-1。

（4）无人值守站的电池内阻分散度明显大于有人值守站，无人值守站电池内阻数值普遍大于有人值守站。说明日常维护对于电池使用寿命延长至关重要，见图 3-2。

根据退运铅酸蓄电池的性能测试结果和存储情况，结果显示：

（1）在现有运维管理制度下，大多数电池的劣化并不是因为电池损坏，而是因为容量低于 80%，无法满足应急保障要求。

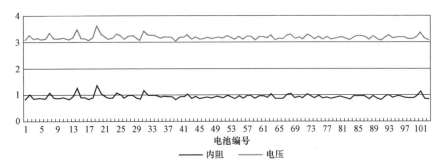

图3-1　在运电池电压和内阻相关性对比图

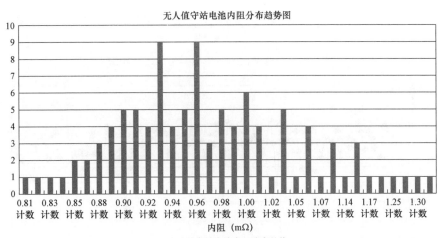

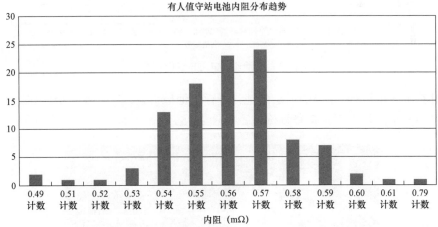

图3-2　无人值守和有人值守站在运电池内阻分布趋势

（2）大多数变电站的铅酸蓄电池实际运行8～10年才退运，在容量低于80%情况下仍然运行3年以上，存在超期服役现象，见图3-3。

（3）对超期服役电池浮充电压值进行测试，与在运电池监测数据差别不大，说明浮充电压检测数据不能真实反映电池的实际容量状况。

（4）超期服役的电池组部分电池在放电2h后电压即低于2V，放电结束，电池可用剩余容量仅为额定值的 30%时，基本无剩余电量，见图 3-4，根据变电站日常的维护数据可知，电池在运行后期已经处于超极限运行状态。

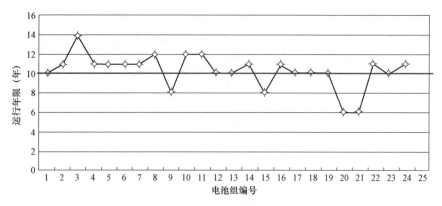

图 3-3 变电站已退运铅酸蓄电池运行年限

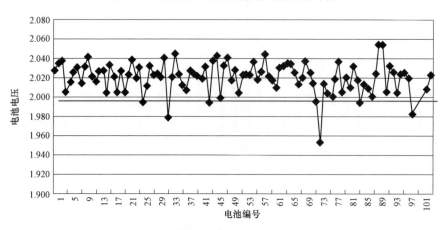

图 3-4 电池组放电 2h 后电压分布

（5）对其中一组运行 10 年的退运电池，进行电池破拆发现，电池正极软化，尤其正极接线处腐蚀极为严重，基本不具备修复价值，见图 3-5。

图 3-5 电池破拆后电极软化、碎裂

（6）现有电池退运后，一般就近集中存储于变电站内或物资中心的仓库中，存放条件与日常管理与变电站电池间差距较大，温湿度控制不够严格，该情况下电池的腐蚀、变形、漏液情况比较严重，见图 3-6。

图 3-6　仓库中的退运电池发生开裂

电池性能测试小结：

（1）在运电池的运维信息只能在一定程度反应电池端电压、电流等性能，并不能完全反应电池容量、内阻、衰减速度等真实状况，相比整组电池的端基数据，单只电池的内阻、电压更能反映电池的真实特性。

（2）因内阻与在线电压的相关性，通过检测在线电压可以反映整组电池内阻的波动趋势，检出异常电池，一定程度上简化了内阻需要专门测量设备检测工作。

（3）现有大部分变电站蓄电池普遍存在电池超负荷、超极限运行现象，超期电池性能劣化严重，对变电站的安全稳定运行造成了较为严重的安全隐患。

（4）退运铅酸蓄电池管理不够完善，电池的不当收集、存储，不仅会带来安全隐患及环境风险，部分可修复再利用的电池可能因存储、处置不当而直接报废，无法进行修复再利用[53,54]。

3.2　铅酸电池失效内外因素

3.2.1　铅酸蓄电池失效外部因素

通过对在运、退运的铅酸蓄电池的测试分析，造成变电站铅酸蓄电池失效的主要外部因素有以下几点：

（1）质量控制。在实际生产中，由于电池生产工艺质量的问题，如原材料成分不稳定、极板涂膏量不一致，部件加工、组装精度不到位，可能会导致极耳内部有蚀点，壳体和壳盖间有缝隙，阀盖开闭不灵等情况的发生。这些制造缺陷会进一步引起极板和极耳腐蚀断裂，电解液渗透泄漏，加大蓄电池性能的离散性，是蓄电池早期失效的主要因素。而这些缺陷在采购过程中是很难发现，虽然按照电池的质保要求，出现此类型电池，生产企业免费更换，但这也破坏了整组电池的一致性，导致其他电池提前进入失效期[55,56]。

（2）运输安装。变电站用铅酸蓄电池一般单组由 102～105 只电池单芯组成，单只电池净重在 13.5～25.5kg。由于电池质量重、数量多，在运输、安装过程中，容易造成磕碰损伤或内部震动引起的微短路，影响电池组整体使用寿命。

（3）运行环境。近年来，随着制造技术的不断改进，虽然铅酸蓄电池通过使用特殊的电解液配方和专用的极板制造工艺，使得电池的高低温性能有了很大提升，电池的适用温度范围不断拓宽，启动温度已经能够做到 −15～ +45℃，但电池的使用温度依然要控制在（25±5）℃，才能使电池的性能得到充分发挥。

根据图 3−7 可知，当温度低于 25℃时，电池容量衰减明显，温度降至 0℃时，放电容量将下降至额定容量的 80%左右，这会加剧电池的硫酸盐化，缩短电池寿命。温度高于 25℃时，每升高 6～10℃，蓄电池寿命缩短一半。过高的温度会导致浮充电流的增加，导致过充电量的累积，缩短电池循环的寿命[57]。故一般变电站将电池放置于恒温恒湿的电池间内或处于恒温恒湿条件的电池柜中。

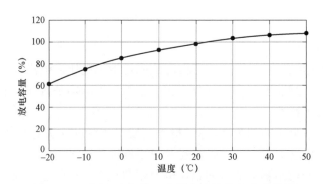

图 3−7　不同温度条件下容量与电池的放电曲线图

但对于室外的箱式变电站、无人值守站，由于技术、管理条件的限制，往往很难做到电池运行环境的温度恒定，直接影响着蓄电池的寿命，导致蓄电池逐步失效。

（4）设备精度。阀控式铅酸蓄电池由于结构设计的特殊性，对充电机稳压、限流精度都提出了较高的要求，一般还要求有温度电压补偿功能，以避免过充电带来的多余气体。而现有变电站铅酸蓄电池充放电主要依靠直流屏电路系统，采用晶闸管相位控制稳压的充电机进行，很难满足要求。过充电产生的气体不能完全再化合，引起内部压力增加，安全阀打开，消耗电解液，导致蓄电池容量下降或早期失效[58-60]。

（5）运维保障。蓄电池的免维护是相对传统铅酸蓄电池维护而言，仅指使用期间无需加水、补酸、更换极板。

正常运行时，以浮充方式运行，控制浮充电压值为 $n \times 2.23V$，通过集控柜监视蓄电池组的端电压，浮充电流以及每只蓄电池的电压[61]。

新安装、大修、定期检修时，对电池进行全核对性额定容量放电试，稳定放电结束后，检测电池容量，并立即对蓄电池组进行采用 $0.1C_{10}$ 恒流转 $2.23V \times n$ 恒压充电，避免缺电态电池自放电对电池的损伤。

若日常维护不到位，异常电池未及时发现、维修、更换，会由于电池一致性降低，导致失效不断加剧，由单只电池失效发展为整组电池失效[62]。

（6）检修更换方式。蓄电池在使用过程中存在因单一电池发生故障后进行更换的情况，而更换的电池通常是同型号的新电池，新换电池与原电池组会存在批次性差异，往往会随着后续使用，加剧电池一致性降低，影响整组电池的寿命。

3.2.2　铅酸蓄电池失效内部因素

铅酸蓄电池的失效除了运行环境、维护状况、质量控制和设备精度等外部因素，其内部理化过程的变化也是造成电池失效的原因之一。铅酸蓄电池失效内部因素主要有电解液失水、硫酸盐化和极板腐蚀。

（1）电解液失水。电解液失水是铅酸蓄电池最常见的失效原因之一，也是阀控密封式铅酸蓄电池特有的失效因素。阀控密封式铅酸蓄电池采用贫液式电解液运行方式，水在体系中的作用尤为重要。电池充放电的化学反应过程都需要水的参与，失水降低体系导电性，影响反应的正常进行。此外，失水还会引起电解液浓度升高加速极板腐蚀，直接影响电池寿命。可以说失水对电池提前失效的影响是多方面的[63]。

（2）硫酸盐化。在长期亏电保存、过放电、充电不足、低温扰动等情况下，随着氧化还原过程的循环进行，大粒径 $PbSO_4$ 颗粒（一般 $10\mu m$ 左右），溶解速度慢，微腔中 Pb^{2+} 浓度低，故其还原电流较小，大颗粒 $PbSO_4$ 逐渐溶解沉淀成细颗粒的多孔的 $PbSO_4$，在电池负极表面累积，逐渐形成一层致密坚硬的硫酸铅层，见图 3-8，该形态的硫酸铅使电池在正常充电中欧姆极化、浓差极化增大，极板充电接受率降低，在活性物质尚未充分转化时已达极化电压产生水分解，电池迅速升温使充电不能继续下去，导致铅酸蓄电池容量降低、寿命缩短。事实上，70%以上的失效铅酸蓄电池都是由该模式引起的[64,65]。

（a）　　　　　　　　　　　　　　（b）

图 3-8　新蓄电池极板与发生硫化蓄电池极板

（a）新蓄电池极板；（b）发生硫化蓄电池极板

铅酸蓄电池硫酸盐化主要发生在电池负极板，硫酸盐化的蓄电池有以下重要特征：

1）极板颜色不正常。正极板呈浅褐色，负极板呈灰白色，极板表面粗糙坚硬，严重时会出现极板拱曲变形；

2）蓄电池电荷量明显不足，大功率放电性能严重下降，电解液相对密度比正常值低，一般要低 $0.02\sim0.04g/cm^3$；

3）充电时电解液温度上升快，产生气泡早，单格电池电压会迅速升到 $2.8\sim2.9V$，电解液相对密度上升不明显；

4）电池内阻显著增大，表现在放电时端电压下降很快，充电时电压升速快。

（3）极板腐蚀。阀控密封式铅酸蓄电池的寿命取决于正极板寿命，无论是在浮充状态、充放电状态、还是开路状态，正极板都存在被腐蚀的现象，其设计寿命是按正极板栅合金的腐蚀速率（0.05mm/年）计算。特别是在过充电状态下，正极由于析氧反应，导致正极附近酸度增高，加速腐蚀，容量会很快降低。同时极板腐蚀还会产生变形，使板栅尺寸线性增大、断裂，最终导致整个电池的损坏，见图3-9。

图3-9　电池正极板腐蚀断裂

虽然正极板腐蚀是电池失效的根本原因，但电池的早期失效更多是由负极汇流排腐蚀及脱落、断裂，引起极板边缘间或极板与汇流排顶部断路、短路引起的，相关位置结构见图3-10。

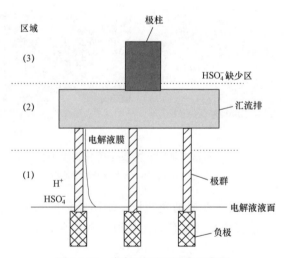

图3-10　负极界面区组成示意图

造成负极汇流排腐蚀的原因主要有两点：

1）浮充条件下，负极汇流排区域处于贫液富氧环境和缺乏足够的阴极保护。通过对负极汇流排的腐蚀形态的宏微观分析，断裂的汇流排表面覆盖着厚厚的粉末状硫酸盐层，其腐蚀断裂区截面的扫描电镜照片如图 3-11 所示，其腐蚀形态属于典型的晶间腐蚀，腐蚀产物为硫酸铅，见图 3-12 的 XRD 图谱。按晶间腐蚀理论，阀控电池处于贫液状态，电解液仅存在于正负极板间的玻璃纤维隔膜中，负极板包括极群和汇流排因与电解液接触程度的不同，电位差不同。因此，距离液膜一定距离的极群和汇流排就成为腐蚀最为严重的区域[66-69]。

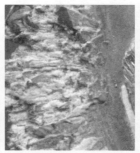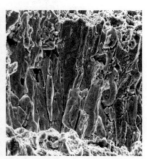

图 3-11　汇流排腐蚀形貌照片

汇流排正面（与极柱连接端）的光学照片、汇流排背面（与极群连接端）的光学照片、
腐蚀断裂区放大照片和腐蚀断裂区截面的扫描电镜照片（从左至右）

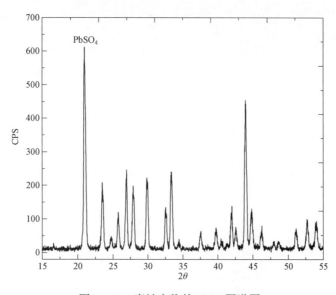

图 3-12　腐蚀产物的 XRD 图谱图

2）是焊接过程中因冷却速度差异，使焊接区晶粒生长为粗大的柱状晶，提高了焊接区的电化学反应活性，加剧了腐蚀[70,71]。在对腐蚀区域进行扫描电镜表征的同时，进行金相分析和电化学极化测试（测试电极工作面尺寸 10mm×10mm，测试电解液为 0.5mol/L 的 H_2SO_4 溶液）。

对比金相照片，见图 3-13～图 3-15 可以看出，焊接区的晶粒最大，极群次之，极柱最小，证实焊接过程中，焊接区冷却速度较慢，导致了焊接区合金晶粒生长为粗大的柱状晶，降低了焊接区材料的耐腐蚀性能。

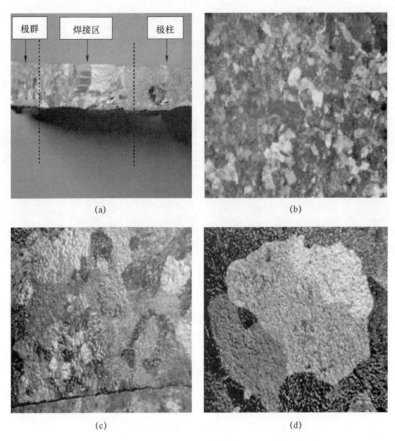

图 3-13　新电池负极汇流排合金的金相照片

（a）包含极柱、焊接区和极群的金属条；（b）柱；（c）极群；（d）焊接区（从左至右）

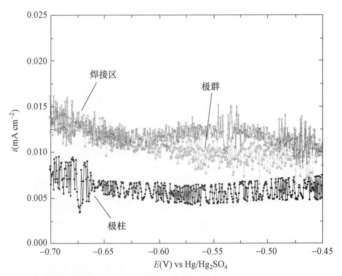

图 3-14　极群（negative plate）、焊接区（puddle section）、

极柱（negative bar）三块电极的极化曲线（阳极放大区）

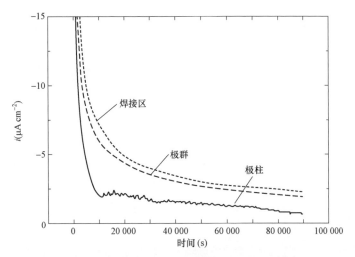

图 3-15　0.6V 恒电位极化时极群（negative plate）、
焊接区（puddle section）、极柱（negative bar）电极的 $i-t$ 曲线

电池失效因素分析小结：

（1）通过对退运铅酸蓄电池性能的测试分析以及失效因素的总结发现，并不是所有的电池失效情况都是不可逆的。很大一部分失效电池通过特定的技术手段进行修复后，电池性能可以得到显著的修复，进行再次利用。

（2）外部因素造成的电池失效主要偏向于物理性损伤，通常表现为：鼓胀变形、外壳漏液、极耳损伤、极板短路、安全阀漏气等，这类失效电池无法进行修复，后续报废只能进行无害化处置。

（3）内部因素造成的电池失效主要偏向于化学损伤，除极板腐蚀表现为极板断裂无法修复外，其他化学损伤过程具有时期性，通过技术手段可以减慢这一过程的发生。

（4）失水及硫酸盐化造成的失效具有可逆性，通过维护修复手段不但能减缓该化学过程的发生，还能将已损伤的电池进行一定程度的修复，恢复电池性能。

3.3　退运铅酸蓄电池分级评价指标及赋值权重

通过对电池失效原因的综合分析发现，电池修复主要针对的是电池内部因素造成的具有时期性失效的电池，综合考虑修复的难易程度、修复效果、工艺复杂性、经济成本、管理模式等方面进行修复，不是所有的电池都具备修复的价值。例如对于正极板软化腐蚀、活性物质脱落、短路、断路、电池外观损坏、鼓胀变形、电池极耳腐蚀等的蓄电池是无法修复的。

通过大量的在运、退运电池的测试数据（见第三部分的表 3-1、表 3-2），课题组重点从运行年限、外观、电压、内阻、容量等几个关键指标参数分析，建立赋值权重方法，对电池进行分级评价，将退运铅酸蓄电池分为可修复再利用的与废铅酸蓄电池的两类，并按如下过程进行评估：

（1）电池历史数据。蓄电池的运行超过 8 年，不进行修复。

（2）蓄电池外观。蓄电池外观变形（鼓胀、凹陷等）、破损、漏液、极耳出现腐蚀、蓄电池极柱损伤，不进行修复。

（3）内部极板检查。从排气孔观察，极板有严重腐蚀，极板出现软化变形情况，不进行修复。

（4）电压检查。开路电压低于 0.3V 的电池，不进行修复。

（5）内阻检查。内阻超过电池出厂额定值 2 倍的电池，不进行修复。

（6）容量检查。最末次核对性放电 10h 率容量低于额定容量 40% 的电池，不进行修复。

（7）放充比。连续 5 个循环的平均放充比低于 80% 的电池，不进行修复。

（8）容量循环衰减。连续 5 个循环，最末次实际容量较首次实际容量衰减大于 8% 的电池，不进行修复。

对于通过上述检查，不进行修复的电池列为废电池直接进行报废处置；其余退运铅酸蓄电池列为能修复再利用的失效电池。表 3-3 所示为分级评价赋值权重。

表 3-3　　　　　　　　　　　分 级 评 价 赋 值 权 重

评价指标	运行年限	外观形变量	电压	内阻	10h 率容量	放充比 （5 个循环）	容量循环衰减 （5 个循环）
赋值权重	小于等于 8 年	形变小于 5%	大于 0.3V	小于额定值 2 倍	大于 40%	大于 80%	小于 8%

3.4　退运铅酸蓄电池评价分级规范

通过对退运铅酸蓄电池失效因素的分析，以及分级评价赋值权重的建立，确定了电池修复可行性的判断依据，为规范修复操作、提高修复效率、提高修复一致性，加强退运铅酸电池蓄电池综合管理，特制定《变电站退运铅酸蓄电池评价分级标准》[72-77]。

失效蓄电池复原机理

4.1 失效铅酸蓄电池劣化原因

常规条件下，阀控式铅酸蓄电池设计可正常运行 12～15 年，但因使用条件及其他等原因的限制，蓄电池常常会在运行期间提前失效。

通过以上研究可知，由于失水和硫酸盐化导致的铅酸电池失效可以修复，阀控式铅酸蓄电池的常见失水和硫酸盐化劣化模式及原因如表 4–1 所示[78–83]。电池外壳常用材质性能如表 4–2 所示。

表 4–1 　　　　　　　　　　　　阀控式铅酸蓄电池的常见劣化模式

劣化类型	劣化分类	产生原因
失水	气体再化合效率降低	电池反应过程中，电解液中的水发生可逆反应，分解产生气体。气体再化合效率与浮充电压的选择密切相关。浮充电压选择过高，气体析出量增加，气体再化合效率降低，虽避免了硫酸盐化，但安全阀频繁开启，会造成失水增多，影响电池寿命
	自放电失水	负极自放电析出的氢不能在正极复合，在电池内部累积，从安全阀排出失水，尤其是电池在较高温度下贮存时，自放电加速
	板栅腐蚀耗水	板栅腐蚀造成水分损失，其反应为：$Pb + 2H_2O \longrightarrow PbO_2 + 4H^+ + 4e^-$
	热失控	热失控分两种情况：一种是由于过紧装配时，体系散热困难，破坏氧循环机理，逐步导致电解液失水干涸；另一种是由于长期过充电，充电电压过高，充电电流过大，产生的热量使电解液温度升高，电池内阻下降，导致充电电流，温度升高和电流过大互相加强，最终导致热失控。后者除引起体系失水，还往往会电池变形、开裂，故更为危险
	电池壳体中渗透水分	虽然铅酸蓄电池是一密闭体系，但在较长的使用期内，电池壳体依然会缓慢地渗透水分。各种电池壳体材料的有关性能见表 3–2。从表中数据看出，最常用的电池外壳材料 ABS 虽然绝缘性好、强度高，但水蒸气渗透率较大。电池壳体的渗透率，除取决于壳体材料种类、性质外，还与其壁厚、壳体内外间气压有关
	安全阀失效	在均衡充电或补充充电时，由于充电电压提高了，析氧量增大，电池内部压力增大，一部分氧来不及复合就冲出安全阀逃逸。在正常运行情况下（环境温度、参数设置等符合标准要求），安全阀是不会开启失水的。但是在大电流、高电压、安全阀失效等的情况下，安全阀非正常开启极易造成电池失水，故在电池外壳强度允许的条件下，应尽可能提高安全阀的开启压力
硫酸盐化	长期欠充和过放电	电池长期放置不及时充电以及过放电，会使电池处于严重亏电状态，根据电池放电反应方程式 $PbO_2 + 2H_2SO_4 + Pb \longrightarrow PbSO_4 + 2H_2O + PbSO_4$ 可以看出，放电会导致小颗粒硫酸铅自发溶解形成晶体粗大、坚硬的硫酸铅，在充电时很难通过溶解–沉积过程转化成正极活性物质二氧化铅和负极活性物质海绵状金属铅，使蓄电池容量下降甚至损坏
	低温大电流放电	低温条件下，充电初始负极板会发生严重的浓差极化，使电极接受电子能力被限制，负极活性物质利用率极低，极板间小孔又易被冻结和堵塞，大电流放电时，体系会产生大量极小尺寸 $PbSO_4$ 晶核，这些晶形成致密的钝化层附着在电极表面，阻碍电极反应的进一步进行，影响电池的寿命

续表

劣化类型	劣化分类	产生原因
硫酸盐化	充电不完全	由于电池结构及安装方式的差别，充电不完全时，由于重力及距电极距离等因素，电池内部的电解液浓度分层，使电极表面荷电状态不均，电极表面生成的硫酸铅结晶不均匀，难以完全溶解在电解液中，逐渐生成结晶，影响电池寿命
	短时间反复充、放电	短时间内对铅酸蓄电池连续地反复充、放电，会导致正极活性物质与极栅之间形成阻抗很高的腐蚀膜，促进致密的$\alpha-PbO_2$逐渐转化为结合力较差的$\beta-PbO_2$，发生铅膏脱落进入电解液中，为硫酸铅结晶的形成提供了大量的凝结核，促进了硫酸盐化

表 4-2　　　　　　　　　　　电池外壳常用材质性能

性能材料	水蒸气相对渗透率（g 水蒸气/年）	氧相对渗透率（g 水蒸气/年）	机械强度	
			拉伸强度（MPa）	缺口冲击强度（kJ·m²）
ABS	488.1	14.49	21~63	6.0~53
PP	22.97	22.12	30~40	2.2~6.4
PVC	4.22	4.41	35~55	22~108

注　表中数据假定样片面积 $A=1m^2$，$t=1$ 年，$d=1mm$，$\Delta PP_{MAX}=50kPa$，$\Delta PP_{MIN}=3.533kPa$，各厂家生产的电池因设计参数不同实际数据也略有不同。

4.2　劣化铅酸蓄电池可修复性

通过对电池劣化原因分析，可以发现，对于发生失水的劣化电池，电池体系的电化学组成并没有发生严重的变化，电池的内阻增加也不大，这种电池一般处于轻度劣化状态。此时，保障安全阀的有效性并及时合理地补充蒸馏水即可恢复电池的电化学环境，然后通过充、放电就能使电池性能得到恢复。

而对于发生硫酸盐化的劣化电池，虽然成因多种多样[84-87]，形成硫酸铅结晶形貌也有所不同，核心原理均符合物理化学中晶体生成的过程。

为观察铅酸蓄电池内部的情况，对其负极板硫酸盐化程度进行定量分析，选择一只严重失效的铅酸蓄电池（内阻值达到243mΩ，端电压为0.02V）进行拆解，见图4-1，负极板活性的 SEM 表征见图4-2，硫酸铅结晶颗粒为斜方晶型，晶粒粒径达 15μm。

以铅酸蓄电池负极板铅膏对应的粉末材料作为电极活性物质，模拟负极硫酸盐化情况，并进行电化学充、放电，研究负极材料硫酸盐化产生的机理。在此基础上，通过粉末微电极测试体系，建立了一种有效的模拟测试方法，研究铅酸蓄电池负极材料失效过程。采用的粉末微电极非常适合于研究粉体材料本征电化学特性，用量少、比表面积大、极化均匀、抗外界干扰能力强且不需黏结剂、导电剂。在合成不同尺寸的硫酸铅颗粒的基础上，采用循环伏安扫描技术，考察硫酸铅颗粒大小与其电化学活性的关系，并通过调控扫描速度、极化电位范围等手段，揭示大颗粒硫酸铅的再活化途径。

用硝酸铅与硫酸溶液，通过水溶液中反应、沉淀的方法，控制合成条件，制备了具有粒径差异的十几种硫酸铅粉末样品，其粒径分布在亚微米到几十微米之间，与硫酸盐化状态下的电极材料的粒径相仿。从中筛选出了粒径差异较大的两组样品进行测试。作为研究硫酸铅

图 4-1   严重劣化的 100Ah 铅酸蓄电池拆解照片，以及拆下的负极板照片

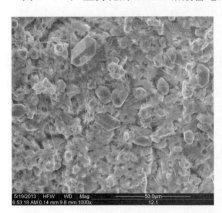

图 4-2   负极板活性物质取样拍摄的 SEM 照片

结晶析出、溶解机理的重要材料。

在此基础上，利用商业铅粉和合成的硫酸铅粉末，配制了硫酸盐化程度不同的活性物质进行电化学活性测试，原料 SEM 及 XRD 表征见图 4-3、图 4-4。

通过制备特定的硫酸盐化程度不同的活性材料，见表 4-3，观察其电活化性能，来确定硫酸盐化的情况对电池的影响程度。

表 4-3   制作的几种硫酸盐化程度不同的活性材料

商业铅粉（%）	1（号）硫酸铅（%）	2（号）硫酸铅（%）	硫酸盐化程度（%）
100	—	—	0
10	90	—	90
10	—	90	90
5	95	—	95
5	—	95	95
—	100	—	100
—	—	100	100

图 4-3　商用 PbO 粉、失效电池极板表面和合成的 PbSO₄ 粉末的 SEM 照片

（a）PbO 粉的 SEM 照片；（b）失效电池负极板表面的 PbSO₄ 颗粒的 SEM 照片；

（c）合成 1—PbSO₄ 粉末的 SEM 照片；（d）合成 2—PbSO₄ 粉末的 SEM 照片

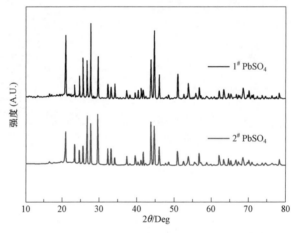

图 4-4　两种 PbSO₄ 粉末 1#、2# 的 XRD 数据

1—PbSO₄ 陈化时间为 120min；2—PbSO₄ 为 10min

　　图 4-5（a）和图 4-5（b）分别为 1—PbSO₄ 和 2—PbSO₄ 制备混合粉末的测试图，说明在充、放电过程中，不论粒径大小，PbSO₄ 都发生了一定程度的活化。

　　由图 4-5（c）可见，粒径较小的 2—PbSO₄ 样品氧化峰电流值约为粒径较大的 1—PbSO₄ 样品的氧化峰电流值的 2.5 倍，且氧化还原峰的对称性更好，说明粒径为 2μm 的 PbSO₄ 电化学活性较粒径为 10μm 的 PbSO₄ 反应活性更高。由图 4-5（d），二者氧化电量均随扫描周数的增加而增加，但小粒径 PbSO₄ 电极的电量及其增加的斜率均大于大粒径 PbSO₄ 电极的电量，证明其更易活化。

　　两种材料电化学活性的差异主要源于 PbSO₄ 材料粒径的不同。PbSO₄ 的还原遵循溶解-沉积机理，即硫酸铅溶解生成 Pb²⁺，Pb²⁺ 在电极表面成核，生成 Pb。大粒径 PbSO₄ 颗粒溶解速度慢，微腔中 Pb^{2+} 浓度低，故其还原电流较小。即便如此，随着氧化还原过程的循环进行，大颗粒 $PbSO_4$ 逐渐溶解，并沉淀成细颗粒的多孔 $PbSO_4$，从而逐步得到活化。但这种活化过程非常缓慢，初始材料中的 $PbSO_4$ 粒径越大，转化为多孔 $PbSO_4$ 所需的活化周期就越长，完全活化的难度也越大。

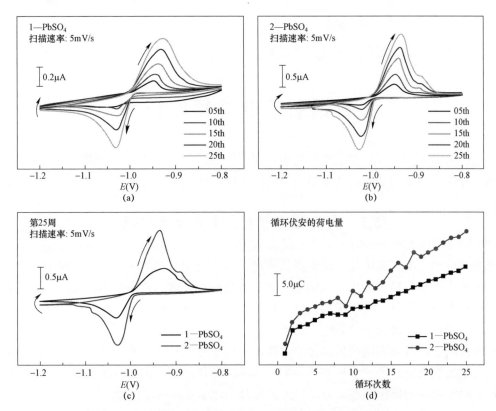

图 4-5　1—$PbSO_4$ 混合粉末与 2—$PbSO_4$ 混合粉末的电化学活性
（a）含 90% 1—$PbSO_4$ 混合粉末电化学活性；（b）含 90% 2—$PbSO_4$ 混合粉末电化学活性；（c）1—$PbSO_4$ 与 2—$PbSO_4$ 混合粉末的电化学活性第 25 周的扫描曲线；（d）1—$PbSO_4$ 与 2—$PbSO_4$ 混合粉末的氧化电量随扫描周数的变化

从上述实验可以得出，理论上来讲，无论粒径大小，硫酸铅都能够在体系中完全溶解，只要能使硫酸铅结晶完全溶解就能恢复材料的电化学活性。实现电池的修复。故对于硫酸盐化的劣化电池具备修复可行性的。

失效铅酸蓄电池复原技术

从以上研究可知，开发失效铅酸蓄电池复原技术的关键是解决电池硫酸盐化问题，其核心技术是开发出高效的活化剂及适当的电活化方法。课题组就这两方面进行了深入的研究。

5.1 失效铅酸蓄电池复原技术现状

铅酸蓄电池"不可逆硫化"是世界性难题，我们通常所说的电池修复或维护，是针对失效因素中的失水和负极板硫化，事实上，也只有这两种失效形式是可以修复的，而其余的物理性损伤根本不可修复。对于极板软化，理论上存在着修复的可能，但其成本之高，效果之小，使之只能停留在理论上[88]。

一般情况下，若蓄电池极板硫化不严重，可用小电流长时间充电的办法，或对蓄电池进行全充全放的充放电循环使活性物质还原。若极板硫化严重，则需要进行专门的除硫化方法处理。消除蓄电池的硫化有很多方法，大体可分为化学法和物理法[89–94]。

5.1.1 化学除硫法

用降低酸液密度提高硫酸盐的溶解度，采取小电流长时间充电以降低欧姆极化、延缓水分解电压的提早出现，最终使硫化现象在溶解和转化为活性物质中逐渐减轻或消除。该方法适用于蓄电池极板轻度硫化，使用较稀的电解液，密度在 $1.100g/cm^3$ 以下，即向电池中加水稀释电解液，以提高硫酸铅的溶解度。并用 1/20 倍率以下的电流，在液温 30~40℃的范围内较长时间充电，容量可能得以恢复。最后在充足电情况下用稍高电解液调整电池内电解液密度至标准溶液浓度，一般硫化现象可解除。

化学方法的缺点是添加剂加入后很难迅速扩散到整个电池当中，无法充分发挥其功效，且添加剂改变了电解液的组分，使得电池修复后会很快再次失效。

5.1.2 物理除硫法

传统的物理除硫化法通过小电流充电，大电流放电，经过反复循环充、放电，使 $PbSO_4$ 部分还原为活性物质，但这种方法不能有效地击碎粗大的硫酸铅结晶，效果不是很好。

（1）强电修复法。该方法适用于蓄电池轻度硫化，在较大的电流密度下（$100mA/cm^2$），负极可以达到很低的电势值，这时远离零电荷点，改变了电极表面带电的符号，表面活性物质会发生脱附，特别是对阴离子型的表面活性物质，这种有害的表面活性物质从电极表面脱附以后，就可以使充电顺利进行。其缺点是：高电流密度下极化和欧姆压降增加，这部分能量转化为热，使蓄电池内部温度升高，同时又有大量的气体析出，尤其是正极析出大量气体，其冲刷作用易使活性物质脱落。目前国内几乎没有厂家在使用这种方法处理蓄电池硫酸盐化。

（2）分解修复法。该方法适用于蓄电池极板严重硫化，先将蓄电池进行保护性放电，倒出电解液，使用物理方法将蓄电池封口打开，将极板组提出。抽出正负极板间的隔板，检测每块极板。如发现大面积硫化，更换极板；若硫化面积小，则用竹片将硫化部分的白色斑点慢慢除去。将修复后的极板、隔板组装好，放入蓄电池槽内，封闭蓄电池外壳，注入电解液，按均衡充电法进行充电。

（3）负脉冲修复。该方法应用至今已有 30 多年的历史，其工作原理是在充电过程中加入负脉冲，可有效减低电池在充电过程中的温升现象，但对蓄电池硫化的修复效果不明显，修复率较低，目前应用较多，属于淘汰的技术。

（4）高频脉冲。采用高频脉冲波使硫酸铅结晶体重新转化为晶体细小、电化学性高的可逆硫酸铅，使其能正常参与充、放电的化学反应，修复率约为 60%，较负脉冲效果好。其修复时间长，需数十小时以上，甚至一周的时间，效率较低，对严重"硫化"的蓄电池修复不了，但其技术简单，目前有许多厂家在使用。

（5）均衡谐振脉冲修复。即合理地控制充电脉冲频率与波形，对蓄电池循环充、放电，利用脉冲充电中的不同频率与波形对硫酸铅粗晶粒形成谐振，击碎粗晶粒，协助电化学还原反应，消除电池硫化。这种方法对电池损伤小，修复效率高，应用前景广阔。缺点是技术和设备复杂，成本高，脉冲频率与波形等谐振技术要求高，是目前重要研究对象。

（6）串联式修复。无法准确判断每块电池性能的好坏，对整体串联电池组采用恒流恒压充电机串联充电修复，仅能起到简单的充电作用，去硫化效率和修复效果极差。

（7）扫荡脉冲技术。扫荡脉冲技术主要通过主控柜中的在线修复环节对落后蓄电池进行除硫化修复[95]，该技术的运行原理是主控制模块通过共振频率模块以可变频率、宽度和幅度的扫描脉冲对变电站蓄电池组进行扫描，确定落后单体以及共振状态，再通过特定的频率、宽度及幅度的脉冲进行修复，对整个蓄电池传送扫描脉冲以及由特定脉冲逐次开展修复工作，最后蓄电池组达到一致性。该技术是一种在线修复，能够对硫酸盐化了的落后蓄电池起到很好除硫的作用，从而全面提高部分落后电池的容量，使落后蓄电池可以继续运行，而对没有硫酸盐化的蓄电池也能够做到很好地预防，进而增加蓄电池的寿命，降低蓄电池浪费的同时也起到节能环保的作用，为企业发展减轻负担。

使用时间较长的蓄电池，其失效原因各种各样，只能说某一种原因占主要地位。比如说：一只蓄电池由于硫酸盐化失效，并不是说它只发生了硫酸盐化现象，而是说影响蓄电池性能的主要原因是盐化，其他如失水、正极板栅腐蚀、正极活性物质组分的变化、正极活性物质结构的变化等在一定程度上也是存在的。因此，单一消除硫化并不能使蓄电池容量完全恢复。在修复的过程中要综合多种修复手段，合理安排修复工艺流程，才能完全恢复蓄电池的容量。

5.2　基于纳米技术的铅酸电池活化剂

为了使研制出绿色环保的活化剂，无机盐类、有机络合物类、高分子类极易给体系引入金属杂原子的活化剂类别，基本不予考虑。大量研究表明，在负极活性物质中添加一定量的碳材料，可以保证电导的同时有效活化分散硫酸铅结晶，减少负极不可逆硫酸盐化。研究和应用发现，可作为添加剂的碳材料有炭黑、碳纳米管、活性炭、碳溶胶等。故研究重点放在碳材料活化剂上。

5.2.1　纳米碳材料活化剂的制备

研究表明，纳米碳材料可以作为活化剂添加至电解液中活化和修复硫酸盐化的铅酸蓄电池[96,97]。但通常纳米碳材料由于制造工艺的问题往往存在制备成本高昂，含有有机污染物等问题，不利于推广应用。项目组通过研究，发明了一种利用 CO_2 高温熔盐电化学法制备绿色低成本纳米碳活化剂的方法，来解决这一问题。

高温熔融盐不仅是一种良好的电化学反应介质，同时具有高的比热容和低的蒸汽压，也是一种良好的化学反应介质[98,99]。实验室主要研究 CO_2 资源化制备碳材料，研究其作为修复剂的各项性能指标。

CO_2 是自然界中最易取得、最经济的元素来源，项目组以 CO_2 制备碳材料，在 Li_2CO_3-Na_2CO_3-K_2CO_3 高温熔盐中捕集 CO_2 电解制备碳材料，以镍片作阴极，SnO_2 作阳极，得到高导电纳米碳颗粒[100-104]。将高导电纳米碳颗粒、析氢抑制剂和 pH 值为 4～6 的硫酸溶液组合，即值得研究所需的纳米碳材料活化剂。

高导电纳米碳颗粒是用电解还原熔融碳酸盐制备得到，其粒径为 20～50nm，电阻率为 8×10^{-4}～$5\times10^{-3}\Omega\cdot cm$。纳米碳颗粒为多孔层状结构。析氢抑制剂为十二烷基苯磺酸、聚乙二醇或苄基丙酮，负载于高导电纳米碳颗粒上。

所述高导电纳米碳颗粒的百分含量为 0.5wt.%～1wt.%，析氢抑制剂的百分含量为 0.05wt.%～0.5wt.%。

5.2.2　纳米碳材料活化剂的作用机理

铅蓄电池负极在放电过程中，铅原子被氧化生成铅离子，与电解液中扩散的硫酸根离子结合，在晶核上沉积生长为硫酸铅晶体；在充电过程中，硫酸铅晶体溶解释放出的铅离子扩散到金属表面，得电子被还原为铅原子。

当硫酸铅溶解过程受阻或速度缓慢，以及电极中导电性不佳时，反应活性和活性物质利用率下降。电池反应体系中加入表面负载了十二烷基苯磺酸、聚乙二醇等大分子官能团碳颗粒后，在电场作用下，修复剂就会快速吸附至正负极板及活性物质表面上。具有以下技术特点[105]：

（1）导电性高。碳颗粒是在 CO_2 高温熔盐电化学转化还原制备而得，电化学性质良好。

（2）丰富的表面基团和较强的重金属吸附能力。微小的纳米尺度和大量表面官能团（颗粒直径约 20～50nm，比表面积可达 $600m^2/g$，以该粉末制作的膜经以 0.2A/g 恒流充放电测试比电容可达到 400F/g，碳胶体的 zeta 电位测试证明在 pH=5 的硫酸水溶液中，碳颗粒表面荷负电），使其对铅盘电极可以产生活化作用。

当铅氧化形成硫酸铅以及氧化铅还原为硫酸铅时，负载官能团的纳米碳颗粒在电场作用下，与硫酸根一起迁移，降低硫酸铅的结晶速度，促使生成晶粒细小的硫酸铅，减缓硫酸盐化速率，提高电池的使用寿命；充电时，硫酸铅还原为铅的过程中，修复剂表面吸附的功能官能团对抑制析氢和细化金属铅颗粒具有显著效应，对细化阳极的氧化铅颗粒亦有作用。

由电化学测试和 SEM 表征结果推测新型碳粉对硫酸铅电极的活化主要通过以下三个途径进行：① 碳材料吸附在铅盘电极表面，作为新的骨架增加了表面活性和颗粒活性，打破了微区硫酸铅颗粒的溶解沉积平衡，有助于大颗粒硫酸铅的溶解；② 碳材料增加了导电性，与铅颗粒组成导电网络，有利于电极表面和内部的电子传递，加速氧化还原反应过程；③ 碳材料对铅离子的吸附作用打破了原有活性物质的生长状态，Pavlov[106]等曾报道负极中碳粉/溶液铅离界面子比铅溶液界面铅离子还原电位更低，新型碳粉对铅离子的吸附作用使铅离子表面浓度大大提高，可能提高其还原电位，使活性铅在导电碳粉表面晶核生成增多，发生氧化还原，增大了反应中心数目，电极极化更加均匀，见图 5-1。

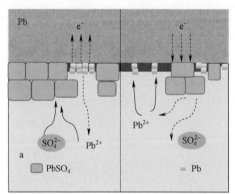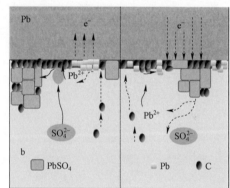

图 5-1　模拟碳活化剂添加入电池反应机理图

5.2.3　纳米碳材料活化剂性能测试

（1）新型纳米碳材料活化剂同普通碳活化剂活化性能比较。项目组采用铅盘电极，高温熔盐捕集二氧化碳并电化学转化制备出的纳米碳材料具有很高的导电性和特殊的表面性质[107]。其作为超级电容器电极材料在酸性介质中具有很高的比容量（>300F/g），对模拟废水中重金属离子 Cr^{6+} 具有很好的吸附性能[103]，据此推测，这种碳材料对 Pb^{2+} 应也具有很好的吸附性能，其良好的导电性和储能性质可能有助于提高铅蓄电池电极的活性和容量。

对新型纳米碳材料活化剂对硫酸铅化铅盘电极的活化效应与普通碳材料进行比较。普碳碳活化材料，选取乙炔黑和碳纳米管两种典型的碳材料进行测试。众所周知，乙炔黑导电性优异，广泛用于电池电极材料添加剂，而碳纳米管用于电解液添加剂已经有专利报到[109-111]。

实验材料及方法：电化学测试装置采用三电极体系，参比电极、对电极、工作电极，分别为饱和硫酸亚汞参比电极、铂丝电极和铅盘电极，装置采用五口电解池并通过盐桥与参比电极连接。在 CV 测试（CHI660D，上海辰华）[108]扫速 5mV/s，扫描范围 −0.8～−1.2V。熔融碳酸盐 CO_2 电解制备碳材料，由于其本身具有较好的水分散性，不需做酸化处理。其余碳材料采用商品乙炔黑和碳纳米管，二者具有一定的疏水性，在水溶液中不易分散，进行酸化处理。

按照上述实验过程，经 200 周空白溶液扫描后，测试了铅盘电极分别添加了 0.5g/L 乙炔黑、碳纳米管硫酸溶液中的伏安曲线，结果如图 5−2（a）、（b）所示。比较第 300 周的循环伏安曲线 [见图 5−2（c）] 和氧化电量变化 [见图 5−2（d）]，可见，相同浓度下乙炔黑和碳纳米管在此体系中对峰电流和电量的提升效果均不明显，而 CO_2 熔盐电化学转化碳粉提升效果最好。推测原因是：乙炔黑虽然导电性好，但吸附 Pb^{2+} 能力和在电极表面吸附的能力较弱；酸化碳管虽有较好的吸附 Pb^{2+} 能力，但其高的长/径比使其吸附在电极表面后可能减小了孔隙率，使参与氧化还原反应的活性物质减少，使充放电电量减少。

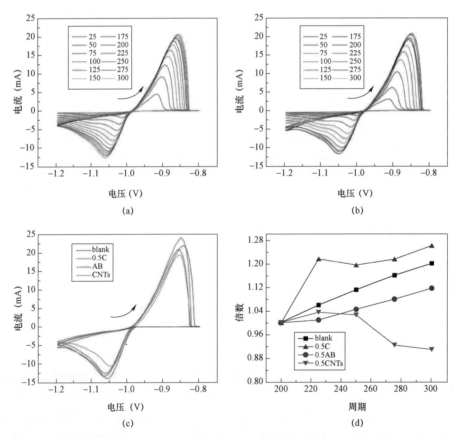

图 5−2　铅盘电极分别添加了 0.5g/L 乙炔黑、碳纳米管硫酸溶液中的循环伏安曲线

（a）0.5g/L 乙炔黑添加液 CV 测试图；（b）0.5g/L 酸化碳纳米管添加液 CV 测试图；（c）300 周 CV 测试结果对比图；（d）不同种类碳材料添加液氧化电量倍数变化图（以加碳前 200 周的量为基准）

图 5−3 为三种碳材料在 SEM 下的微观形貌，由照片可见，酸化后的碳纳米管和乙炔黑均保持了两种材料固有的特征形态，可以进一步用于实验研究。相比之下，电沉积碳粉则呈现出明显不同的无定形结构，具有相对较大的粒径和疏松的结构形态。

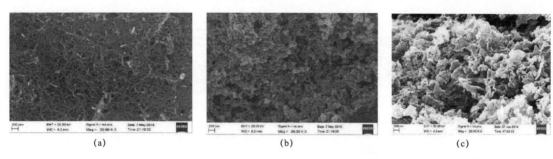

图 5-3 实验采用的碳纳米管、乙炔黑、电沉积碳粉 SEM 表征
（a）酸化后的碳纳米管；（b）酸化后的乙炔黑；（c）电沉积碳粉（从左至右）

CV 测试和 SEM 表征结果表明，新型碳粉对于铅盘电极电量和电流效率的提升效果比乙炔黑和碳纳米管更显著，在一定浓度范围内对析氢无影响，碳粉的存在提高了电极活性物质间的导电性，并可在其表面吸附富集铅离子和提供还原位点，促进硫酸铅的溶解、抑制大颗粒硫酸盐晶体的产生。

（2）新型纳米碳材料活化剂中不同碳含量活化性能比较。为分析新型活化剂中碳粉含量对活化效果的影响，采用不同含量的纳米碳配置新型活化剂，进行铅盘电极循环伏安（CV）测试，试验结果如图 5-4 中（a）～（e）所示，图 5-4（a）图为空白硫酸溶液中测试 300 周后的结果，图 5-4（b）～（e）为空白溶液测试 200 周后换为添加不同浓度碳粉的硫酸溶液后继续测试 100 周的结果。

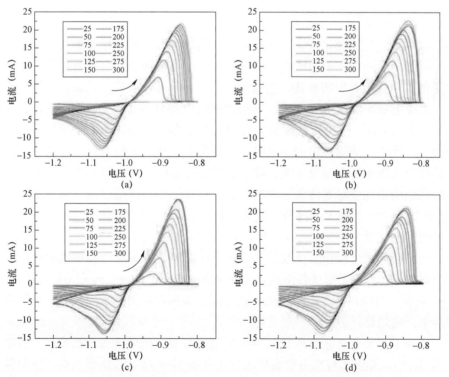

图 5-4 加入不同含量的纳米碳配置新型活化剂的铅盘电极循环伏安（CV）测试图（一）
（a）空白硫酸溶液 CV 测试图；（b）0.25g/L 碳粉添加液 CV 测试图；
（c）0.5g/L 碳粉添加液 CV 测试图；（d）1g/L 碳粉添加液 CV 测试图

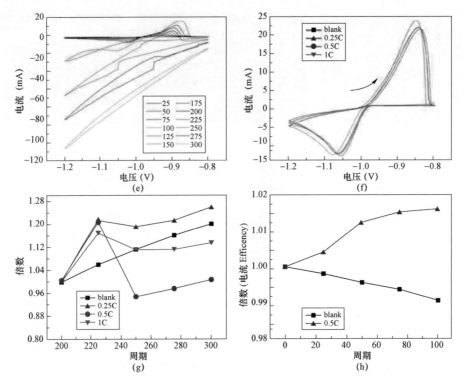

图 5-4　加入不同含量的纳米碳配置新型活化剂的铅盘电极循环伏安（CV）测试图（二）

（e）2g/L 碳粉添加液 CV 测试图；（f）300 周 CV 测试结果对比图；（g）氧化电量倍数变化图；（h）电流效率倍数变化图

由图 5-4 可见，空白溶液中阴、阳极峰电流与峰面积均随扫速增加而递增，说明盘电极被逐渐活化；但由于外层生成的硫酸铅层的阻挡作用，增加的幅度越来越小。空白溶液的多次试验结果表明，前 200 周的形状、趋势和电流大小都非常接近，试验具有很好的重现性。继续扫描，发现电极在添加了 0~1g/L 碳粉的溶液中都有不同程度的继续活化，在还原过程中未见明显的析氢电流。但当碳粉添加量为 2g/L 时，氧化峰电流和峰面积明显减小，而还原电流显著增大，且不出现硫酸铅的还原峰，表明发生了严重的析氢反应，是由于大量导电性良好的碳粉吸附在电极表面形成碳膜，降低了析氢过电位，并阻碍了硫酸铅的还原。

为清楚显示出添加碳粉对活化过程的影响，将添加不同浓度碳粉的硫酸溶液中测得的第 300 周伏安曲线集中示于图 5-4（f），可知，添加 0.5g/L 碳粉的硫酸溶液中峰电流值和峰面积最高，表明其活化效果最好。

为更好地比较活化过程和活化效果，以加碳粉前第 200 周空白扫描的氧化电量为基准进行归一化处理，比较计算不同条件下放电电量（氧化电量）的变化过程［见图 5-4（g）］。由图 5-4（g）可见，与空白体系电量单调增长不同，添加碳粉的体系中氧化电量呈现先增长后下降再缓慢上升的趋势。

进一步计算了添加有 0.5g/L 碳粉的溶液和空白溶液中循环伏安扫描的充、放电效率（氧化电量/还原电量），并将之与空白溶液相比较［见图 5-4（h）］。结果表明，空白体系中效率随循环的进行持续下降。添加有 0.5g/L 碳粉的溶液中电流效率增长倍数随着圈数的增加持续递增，表明在此条件下 Pb/PbSO$_4$ 氧化还原反应的电流效率很高，碳粉的添加对促进析氢副反应的贡献甚微或者有抑制作用；不仅如此，硫酸铅基底的铅也能参与氧化反应，说明碳添加剂的加入可有效改善"板结"硫酸铅层的孔隙结构，这对提高电池活性具有重要意义。

对测试后放电态的铅盘电极表面进行了 SEM 观察，见图 5-5。空白溶液中测试 200 周、300 周和 200 周后在添加了 0.5g/L 碳粉添加液再测试 100 周后的样品的 SEM 表征结果如图 5-5（a）～（d）所示。可知，在空白硫酸溶液中扫描 200 周后电极表面生成大小比较均匀的硫酸铅颗粒，表面光滑，粒径为 2～5μm［见图 5-5（a）］。

继续在空白溶液中扫描 100 周后，粒径略有增加，表面出现少许孔洞［见图 5-5（b）］。在硫酸溶液中 200 周扫描后再在含 0.5g/L 碳粉电解液中扫描 100 周，活性物质颗粒粒径有所减小，可见碳粉在颗粒间聚集并较均匀的分布［见图 5-5（c）］。放大观察倍数［见图 5-5（d）］，可见部分碳粉表面有长条状微小颗粒活性物质产生。说明碳粉存在增加了导电性，促进了氧化还原反应的进行，同时一定程度抑制大颗粒硫酸铅的生成。新生成的活性物质在碳

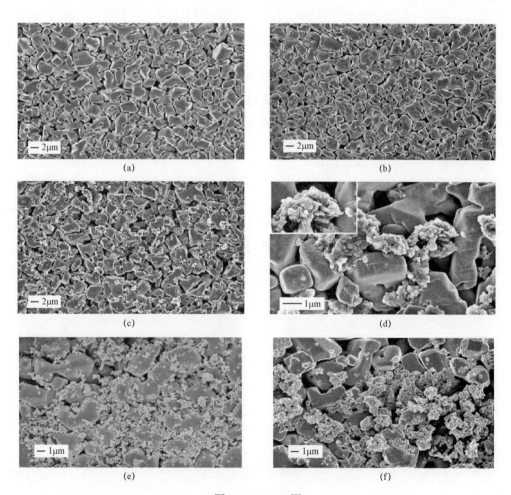

图 5-5 SEM 图

（a）空白测试 200 周（2k）SEM 图；（b）空白测试 300 周（2k）SEM 图；（c）0.5g/L 碳粉添加液测试 100 周（2k）SEM 图；
（d）0.5g/L 碳粉添加液测试 100 周（10k）SEM 图；（e）0.5g/L 乙炔黑添加液测试 100 周（5k）SEM 图；
（f）1.0g/L 碳粉添加液测试 100 周（5k）SEM 图

粉周围堆积，影响硫酸铅的结晶过程，使得其结晶变得不规则，活性提高。铅表面吸附的碳粉通过平行反应机制在铅和碳粉表面起着传递电子的作用，加速溶解沉积过程，碳粉附近和吸附在碳粉上的铅离子也在碳粉表面氧化形成新的晶核，因而提高活性物质的活性和利用率。相同浓度的乙炔黑添加液则较多的吸附在活性物质颗粒表面，且极易团聚引起孔隙结构的堵塞［见图 5-5（e）］，因而不能起到很好的活化效果。增加二氧化碳转化碳粉的用量到 1.0g/L，也会引起覆盖表面活性物质和堵塞孔道［见图 5-5（f）］。

从上述研究得出，碳粉添加量对电极活性有很大影响，过少或过多都不具有显著的长时提升作用；0.5g/L 碳粉浓度对电量提升效果最好，显著优于空白体系，说明其具有很好的活化效果。其原因是随着碳粉比例的增加，铅电极表面碳粉/Pb 比例增加，堵塞电解液传输孔道。当碳粉不足（0.25g/L）时，吸附在铅盘电极上的碳粉虽在反应初始氧化过程起到促进作用，未吸附碳粉的部分氧化生成可溶性硫酸铅量也相应增加，但这种作用不均匀，部分硫酸铅容易堆积形成大颗粒硫酸铅，进一步氧化还原过程受阻。只有当碳粉/Pb 比例达到适合值时，碳粉在电极表面和颗粒间分布均匀，对氧化还原过程才具有显著的促进作用。

（3）不同材料来源制备的活化剂性能比较。构成活化剂的高导电纳米碳颗粒从制备来源上除从高温熔盐中捕集 CO_2 得到外，还可从废弃生物质以及化工合成（商用活性炭）制得。利用熔盐处理活性炭相比普通物理化学活化方式具有腐蚀性低和价格低廉的优势。

在 $Li_2CO_3 - Na_2CO_3 - K_2CO_3$ 高温熔盐中捕集 CO_2 电解制备碳材料中，以镍片作阴极，SnO_2 作阳极。为考察电解液和电极制备方法对电解所得碳粉电容的影响，实验测试了不同电压下电解所得的碳粉在 $1mol/L H_2SO_4$ 溶液中的电化学电容性能。以擀膜电极为工作电极，每个电极上的活性炭粉的质量为 2~5mg，电极面积约为 $1cm^2$。图 5-6 是在 5.0V 槽压下电解得到的碳粉的循环伏安图和恒电流充、放电图。CV 图的矩形形状有些拉长且有很小的氧化还原峰和电解的极化和电解制备的碳粉的表面有少量的官能团有关。随着扫速的降低，CV 图的对称性变好，说明电极在低扫速下电极的可逆性较好。图 5-7 是 5.0V 槽压电解制备的碳粉电极的交流阻抗谱（EIS），从图可知电解液及电解液与电极的接触电阻为 0.3~0.4Ω，电荷的传递电阻（Rct）为 1Ω，说明电极的导电性良好，充、放电性能良好。

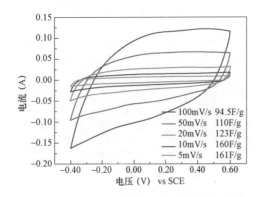 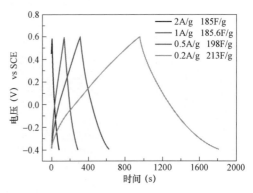

图 5-6　5.0V 电解得到的碳粉擀膜电极 1mol/L H_2SO_4 中的循环伏安和恒电流充放电图

废弃的生物质转化制备碳材料选用的原料是花生壳，将花生壳在 850℃高温 $Na_2CO_3 -$ K_2CO_3 熔盐中热解处理后得到碳材料，在 $1mol/L H_2SO_4$ 溶液中测试了其电化学电容。

图 5-8 是花生壳制备的碳粉的循环伏安及恒电流充、放电曲线和充、放电电流密度与电容的关系图。随着充、放电电流密度的增大，电容值从 160F/g（0.25A/g）降低到 123F/g（2A/g），降幅为 21%，说明电极耐快速充、放电的性能较好。图 5-9 是电极在硫酸溶液中的循环性能及交流阻抗谱测试。由图可知，碳粉在 2A/g 的电流密度下充、放电循环 10000 次后电容的保持率保持在 96%以上，循环 2000 次后电极的电容基本稳定，说明碳粉在 1mol/LH₂SO₄ 溶液中循环性能良好。

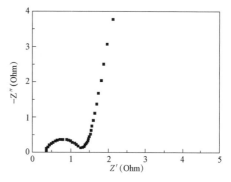

图 5-7　5.0V 电解得到的碳粉擀膜电极在开路电位下的交流阻抗谱频率范围为 10mHz～100kHz，交流电压为±5mV

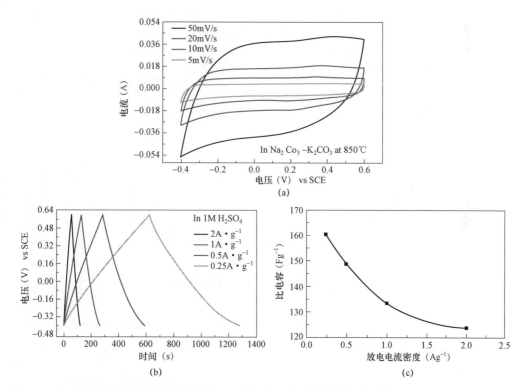

图 5-8　花生壳制备的碳粉的循环伏安及恒电流充、放电曲线和充、放电电流密度与电容的关系图
（a）花生壳制备的碳粉在 1mol/LH₂SO₄ 中的循环 V-A 图；（b）恒流充、放电曲线；
（c）充、放电电流密度与电容的关系图

商用活性炭实验前需要预处理，将商用活性炭在 850℃高温 Na₂CO₃-K₂CO₃ 熔盐中浸泡处理一小时得到实验用碳材料，其与处理前碳材料的电化学性能对比图如图 5-10 和图 5-11 所示。在 0.2A/g 时处理后的碳材料电容为 244.1F/g，两倍于未处理的碳材料，循环性能良好。

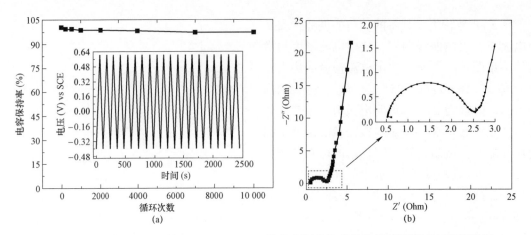

图5-9　花生壳在850℃的$Na_2CO_3-K_2CO_3$熔盐中制得的碳粉的循环性测试与阻抗谱图

（a）花生壳在850℃的$Na_2CO_3-K_2CO_3$熔盐中制得的碳粉的循环性测试；

（b）花生壳在850℃的$Na_2CO_3-K_2CO_3$熔盐中制得的碳粉阻抗谱图

注：交流电压为±5mV，频率范围为10mHz～100kHz

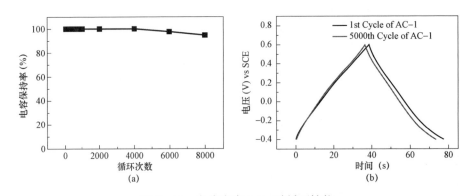

图5-10　电流密度1A/g时循环性能

（a）10000次循环的电容电流密度1A/g时循环性能；（b）首次和5000次恒流充、

放电曲线电流密度1A/g时循环性能对比图

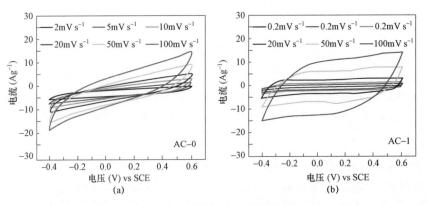

图5-11　1mol/L硫酸溶液中AC-0和AC-1循环伏安，恒电流充、放电，电容，阻抗测试图（一）

（a）1mol/L硫酸溶液中AC-0循环伏安特性曲线；（b）1mol/L硫酸溶液中AC-1循环伏安特性曲线

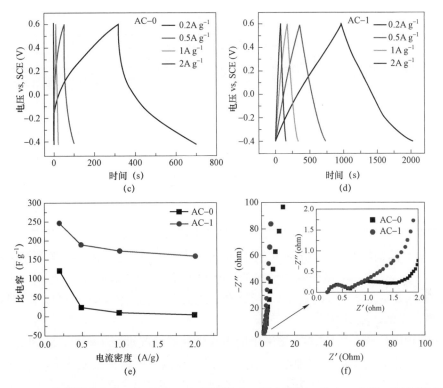

图 5-11 1mol/L 硫酸溶液中 AC-0 和 AC-1 循环伏安，恒电流充、放电，电容，阻抗测试图（二）

（c）1mol/L 硫酸溶液中 AC-0 恒电流充、放电测试曲线；（d）1mol/L 硫酸溶液中 AC-1 恒电流充、放电测试曲线；

（e）1mol/L 硫酸溶液中 AC-0 阻抗测试图；（f）1mol/L 硫酸溶液中 AC-1 阻抗测试图

在熔盐中制备的三种碳材料性能均较为优异，但 $Li_2CO_3-Na_2CO_3-K_2CO_3$ 熔盐中直接电解 CO_2 制备的碳材料性能最为突出，在 2A/g 的放电电流密度下电容都可以达到 200F/g 以上。

表 5-1 是 5V 槽压下电解所得的碳粉对 Cr（Ⅵ）的吸附数据，实验温度为 20℃，每次所取碳粉的量为 25mg，Cr（Ⅵ）溶液的体积为 25mL。一般说来，碳粉在高浓度和低 pH 值的溶液中对 Cr（Ⅵ）的吸附容量越大，在低 pH 值的条件下（一般为 1～6），碳粉对 Cr（Ⅵ）的去除率都在 94%以上。

表 5-1　　　　　　　在 5V 槽压下电解得到碳粉对 Cr（Ⅵ）的吸附数据

pH	吸附前浓度（mg/L）	检测提取体积（mL）	吸附后浓度（mg/L）	去除率（%）	碳粉吸附容量（mg/g）
2.3	20	1	1.03	94.82	18.96
3.89	20	1	0.96	95.18	19.03
5.99	20	1	1.03	94.82	18.96
7.88	20	1	1.60	91.97	18.39
2.43	50	1	1.03	97.93	48.96
3.66	50	1	0.82	98.35	49.17
5.81	50	1	1.17	97.64	48.82
7.78	50	1	12.16	75.67	37.83
2.42	100	1	1.46	98.53	98.53

pH	吸附前浓度（mg/L）	检测提取体积（mL）	吸附后浓度（mg/L）	去除率（%）	碳粉吸附容量（mg/g）
4.12	100	1	6.24	93.75	93.75
5.96	100	1	27.13	72.86	72.86
7.73	100	1	50.10	49.89	49.89
2.34	177	0.5	9.84	94.43	167.15
3.89	177	0.5	43.92	75.18	133.07
6.18	177	0.5	65.95	62.73	111.04
7.72	177	0.5	76.40	56.83	100.59
9.61	177	0.5	98.02	44.61	78.97
11.46	177	0.5	111.34	37.09	65.65

当 Cr（Ⅵ）的初始浓度在 20mg/L 到 100mg/L 时，在 pH 值为 2～3，吸附后 Cr（Ⅵ）的浓度都可以到 1ppm 左右，低于污水的排放标准 GB 8978—1996《污水综合排放标准》所要求的 Cr 的最高排放浓度（≤1.5ppm）。所以在碳酸盐中电解制备的碳粉可以用于电镀、皮革等含 Cr 含量较高的废水处理中。

分别对沉积碳在 5mol/L H_2SO_4 溶液中的电化学性能情况进行了研究，5mol/L H_2SO_4 溶液接近实际应用中铅酸蓄电池电解液浓度，有助于进一步探究碳粉在铅酸蓄电池中的应用价值。

测试沉积碳在 5mol/L H_2SO_4 溶液中的充放电性能，见图 5-12，电位区间选在 -0.6～0.4V 之间，实验结果显示沉积碳电荷转移电阻很小，0.2A/g 恒流充电测得比电容为 408F/g，20A/g 时，电容也达到了 188F/g，说明在高浓度的 1.28g/ml H_2SO_4 溶液中，沉积碳仍然具有很好的电容性能。大电流充放电情况下（5A/g）循环 1500 周，电容性能衰减到 93%，表明电沉积碳具有较好的循环稳定性。

综上可知，从高温熔盐中捕集 CO_2 中制的碳材料在保证电性能最优的同时，最为绿色环保。

5.2.4 纳米碳材料活化剂应用实例

（1）应用实例 1。将 0.75g 十二烷基苯磺酸和 0.75g 聚乙二醇加入到 297g pH 值为 6 的硫酸溶液中，经搅拌制成透明溶液，然后，加入 1.5g 粒径约 20nm，电阻率约 $5 \times 10^{-3}\Omega \cdot cm$ 的纳米碳颗粒（由电解还原熔融碳酸盐制得），搅拌形成半透明悬浊液，即得到纳米碳含量为 0.5wt.% 的铅酸蓄电池修复剂。选用一个刚停运拟报废的 2V100Ah 的阀控电池，卸下阀盖后，加入该修复剂，以 0.1C 进行 2 周期充电放电后，以 10h 率放电，测得放电容量达到 95Ah。

（2）应用实例 2。将 0.01g 十二烷基苯磺酸、0.01g 聚乙二醇及 0.03g 二苄叉丙酮加入到 97g pH 值为 4 的硫酸溶液中，经搅拌制成透明溶液，加入 1g 粒径约 50nm，电阻率约 $8 \times 10^{-4}\Omega \cdot cm$ 的纳米碳颗粒（由电解还原熔融碳酸盐制得），搅拌形成半透明悬浊液，即得到纳米碳含量为 1wt.% 的铅酸蓄电池修复剂。选用两个新的 12V12Ah 的铅酸蓄电池，其中一个按照电解液容量的 5% 加入该修复剂，限流恒压充电至 14.8V 后，以 2h 率即 6.0A 放电至 10.5V 为一个循环，另一个不添加修复剂；加入本发明修复剂的蓄电池充、放电循环寿命为 540 次，相对充、放电循环寿命提高 92%，未添加本发明修复剂的蓄电池充、放电环寿为 282 次。

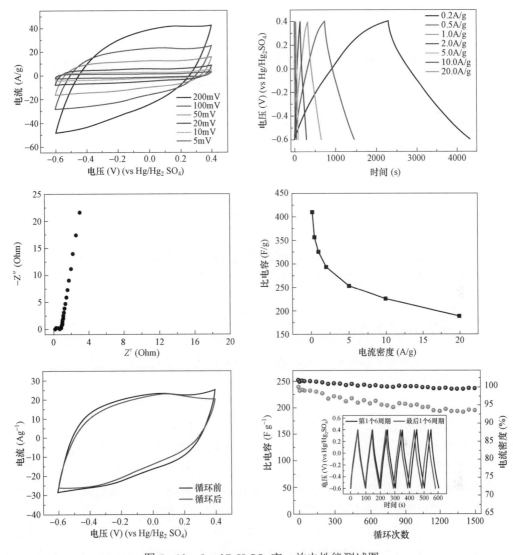

图 5-12　5mol/L H₂SO₄ 充、放电性能测试图

（3）应用实例 3。将 0.08g 聚乙二醇及 0.12g 二苄叉丙酮加入 99g pH 值为 5 的硫酸溶液中，经搅拌制成透明溶液，加入 0.8g 粒径约 40nm，电阻率约 $3×10^{-3}Ω·cm$ 的纳米碳颗粒（由电解还原熔融碳酸盐制得），经搅拌形成半透明悬浊液，即得到纳米碳含量为 0.8wt.% 的铅酸蓄电池修复剂。选用一个刚停运拟报废的 2V 300Ah 的阀控电池，卸下阀盖后，加入该修复剂，以 2.35V 的电压进行 2 周期恒压充电放电后，以 10h 率放电，测得放电容量达到 280Ah。

5.2.5　小结

（1）发明了一种铅酸蓄电池修复剂及其制备方法，相关研究成果已申请专利，申请号：201410030290.4。并研究了碳粉对硫酸盐化铅盘电极活化效果、机理和影响因素[112]。

（2）通过和普通碳活化剂活化和不同材料来源制备的活化剂性能比较，得出 CO₂ 高温熔盐电化学转化制备碳粉作为一种新的碳粉活化剂具有较好的发展潜力。

（3）利用 CO_2 高温熔盐电化学法制备的绿色低成本修复剂提高了铅酸蓄电池的综合性能，有效解决了铅酸蓄电池因硫酸盐化导致的容量失效的问题，具有以下优点：

1）降低了硫酸铅的结晶速度，促使生成的硫酸铅晶粒细小，减缓硫酸盐化速率，提高了电池的使用寿命；

2）修复剂表面吸附的功能官能团对抑制析氢和细化金属铅颗粒具有显著效应，对细化阳极的氧化铅颗粒亦有作用；

3）提高了电池的充电和放电速率，提高了活性物质的利用率，电池容量得到提升；

4）制备方法简单易行，原料廉价，来源广泛。

5.3　电循环激活方式及机理

活化剂的使用通常并不是单一的，往往需要同电循环激活相配合，选择合适的电循环激活方法能更好地促进活化剂发挥作用。并且对于某些轻度劣化的电池仅通过补水后即可恢复电循环激活。

5.3.1　电循环激活实验方法

由于电池本体容量大，循环时间长，通常采用特定的电极来模拟电池进行研究，常用的有粉末微电极和铅盘电极两类：

（1）粉末微电极。大粒径 $PbSO_4$ 通过一定周期的循环氧化还原可以逐步提高其电化学活性。目前，对因硫酸盐化而过早失效的电池，大多采用诸如脉冲充电、深充浅放等不同的充、放电方式进行修复[113, 114]。与之相对应，本节着重考察了扫描速度和扫描电位区间对大粒径 $PbSO_4$ 的活化效果。

粉末微电极是最常用的研究电池的电化学手段，通过对粉末微电极测试可以很好地对扫描速度和扫描电位区间进行分析[115-117]。

慢速扫描对 $PbSO_4$ 的活化作用明显，但所需时间长且是否有必要将还原析出的铅完全氧化也需要进一步研究。为此，将扫描电位范围的氧化截止电位区间收窄，由 -0.8V 变为 -0.95V 进行循环伏安扫描，以达到多还原少氧化的目的，我们将氧化电位区间缩窄使氧化过程不能充分进行的循环伏安活化方式称为"非对称循环伏安活化"[108]。

图 5-13 中两组循环伏安扫描实验总的活化时间相同，但活化效果明显不同，这可能是因为，还原反应主要受大粒径 $PbSO_4$ 溶解的过程控制，且快速扫描时粉末微电极基底上析氢反应的干扰较严重，不利于沉积反应和氧化反应的进行[118]；而在低速扫描时，在每个扫描周期可参与反应的材料更多，$PbSO_4$ 溶解反应进行相对充分，易形成进一步活化的离子传输通道。由此看来，快速的充放电过程不利于大粒径 $PbSO_4$ 的活化。

图 5-14 比较了粒径较大的 1-$PbSO_4$ 混合粉末采用两种循环伏安活化方式以 5mV/s 扫描速度扫描的前 100 周的循环伏安曲线。由图 5-14（a）可以看出，氧化还原峰电流随着扫描的进行不断增大，第 100 周时的氧化电流峰值相比第 20 周提高了近 10 倍，材料发生了明显的活化。图 5-14b 的非对称循环伏安扫描曲线正向截至电位由 -0.8V 调整到 -0.95V，在每个循环周期中，材料在氧化电位区停留的时间约为还原电位区的 1/6，氧化过程在回扫时电流未

达到极大值。但其氧化反应截止电流值、还原峰电流值也随扫描周数增加而增加，说明材料不断得到活化。曲线的变化趋势也较为特殊，氧化反应截止电流值的增速明显大于还原峰电流。

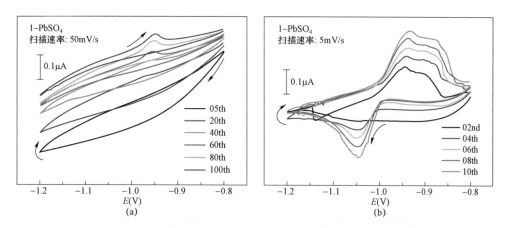

图5-13　扫描速度对于含90%1-PbSO₄混合粉末活化效果的影响

（a）50mV/s的1-PbSO₄混合粉末循环伏安曲线；（b）5mV/s的1-PbSO₄混合粉末循环伏安曲线

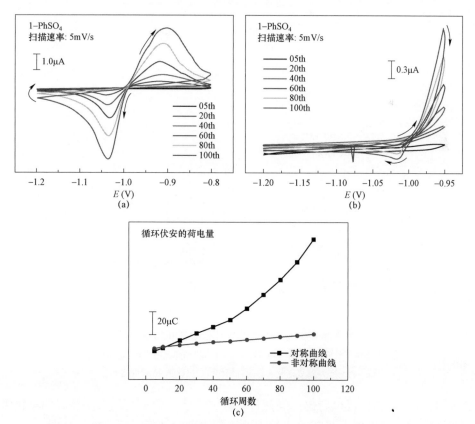

图5-14　不同扫描电位区间对于含90%1-PbSO₄混合粉末活化效果的影响

（a）5mV/s扫描速度扫描的前100周的对称循环伏安曲线；（b）5mV/s扫描速度扫描的前100周的非对称循环伏安曲线；

（c）两组循环伏安每周氧化电量随扫描周数的变化曲线

这是因为，一方面由于氧化时间较短，还原的铅不能完全氧化，新形成的小粒径 $PbSO_4$ 量相对较少，而大粒径 $PbSO_4$ 的还原又受到溶解过程限制，电流值较小；而另一方面，在每周的扫描过程中，有部分还原的铅未被氧化，可供发生氧化反应的 Pb 量则相对较多，因而氧化电流增加较快，氧化反应截止电流值较大。

将两组循环伏安测试的每周氧化电量随扫描周数的变化示于图 5−14（c），可见两种扫描条件下大粒径 $PbSO_4$ 都可逐步得到活化，尤其是对称循环伏安扫描时，电量在 50 周以后的增加速度明显加快，说明活化需要一个诱导过程。

非对称循环伏安曲线上氧化电量低于前者，但并不能据此说明两种扫描方式对材料活化效果的差异，因为在此情况下，还原的铅未被充分氧化，其真实的电化学活性无法体现。

为了比较两种方法活化后材料的电化学活性，将分别经过两种扫描方法活化 100 周后的电极，在相同的电解液，相同的电位区间以相同的扫描速度进行循环伏安测试，比较其活性，其 CV 曲线见图 5−15。

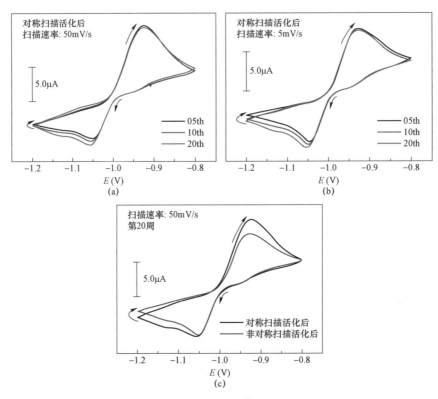

图 5−15　对称循环伏安和非对称循环伏安活化后电极的活性比较

（a）对称循环伏安活化 100 周曲线；（b）非对称循环伏安活化 100 周曲线；

（c）对称循环伏安活化和非对称循环伏安活化第 20 周曲线对比

由图 5−15（a）、（b）可以看出，经两种活化方式活化的电极均具备较好的电化学活性，氧化峰与还原峰对称性良好，且其电化学活性随着扫描的进行逐渐改善。从图 5−15（c）可以明显看出：经对称循环伏安扫描后的材料，其整体电化学活性优于非对称循环伏安扫描后的材料，氧化还原电量均高于后者，说明全充全放的活化方式更有利于硫酸盐化极板的修复；而非对称循环伏安活化所需的扫描时间较前者减少了 37.5%，可显著提高电池修复的时间效率。

通过粉末微电极可知，快扫描速度（对应快充快放）的活化效果较低，扫描速度（对应慢充慢放）的活化效果差；非对称循环伏安活化方法可以提高时间效率，活化效果良好，在一定程度上改善材料的充电接受能力，但是其活化效果不及全充全放的对称循环伏安的活化效果。利用粉末微电极技术探究了硫酸铅颗粒粒径以及电化学调制手段对于硫酸铅颗粒活化过程的影响，但是对于铅与硫酸铅之间循环转化过程的影响因素很难分析。

（2）铅盘电极。硫酸盐化修复过程本身就是铅与硫酸铅不断转化的过程，当发生硫酸盐化的电池负极板活化到一定程度时，课题组对选择合适的充放电电流，保持负极板表面的活性物质颗粒相对较好的电化学活性，避免硫酸盐化问题的再次出现，进行了深入研究。

以铅盘电极作为研究对象，采用伏安扫描技术，研究经不同扫描速度和扫描周数极化后电极表面铅及硫酸铅的组成和结构及碳粉对铅盘电极活化效果的影响，更为有效。

铅盘电极直径 6mm，测试前用耐水砂纸打磨铅盘电极。由于金属铅在空气中极易氧化，因此，在进行电化学测试之前，采用恒电位阴极极化对电极表面进行还原处理，恒电位 $i-t$ 曲线如图 5-16 所示。

图 5-16 反映了铅盘电极在 -1.45V 恒电位极化条件下出现的少量还原过程：对应还原过程的电流值随极化时间的增加而陡降，并迅速趋于平稳；还原电流的最大值仅在 10^{-5}A 数量级，这也说明了电极预处理过程中的表面氧化得到了很好的控制。

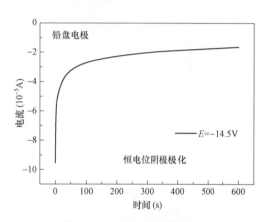

图 5-16 铅盘电极在 0.5M 硫酸电解液中的恒电位阴极极化

5.3.2 循环伏安扫速对活化的影响

除工作电极外，铅盘电极采用的测试体系与粉末微电极完全相同。经过上一节的分析可以确定，负扫 -1.2V、正扫 -0.8V 的截止电位，可以满足铅/硫酸铅转化反应的进行，且不会发生明显影响测试的副反应，这一电化学窗口对铅盘电极测试应当同样适用。

由微电极的特殊性质可知，盘电极的极限扩散电流密度应小于微盘电极，可以推测出，铅盘电极在电解液中反应动力学特性和粉末微电极也应具有较大差异。

（1）循环伏安扫速对铅盘电极活化效果的影响 为了确定适合铅盘电极活化及测试的循环伏安参数，首先采用不同扫速对铅盘电极进行固定周期的循环伏安活化。

图 5-17 为铅盘电极在不同扫速条件下的循环伏安扫描曲线，a、b、c、d 四组曲线均呈现出明显的活化效果。在循环伏安扫描的前期，随着扫描周数增加，四组曲线的峰电流值、峰面积均呈增大趋势，同时氧化峰电位发生正移，还原峰电位发生负移，且氧化、还原峰开始出现不同程度的拖尾现象，其中还原峰拖尾现象较氧化峰更为严重。

峰电流值、峰面积增大说明电极表面的金属铅转化为以海绵铅为主的活性物质，这一活性物质层随扫描周数的增多不断变厚，活化区域向电极内部深入。氧化、还原峰电位偏移以及电流峰拖尾现象是由于反应本身受到传质或传荷过程的控制：随着参与反应的活性物质总量增加，电极表面 Pb、$PbSO_4$ 相互转化的过程开始受到 Pb^{2+}、$SO4^{2-}$ 离子迁移速率以及界面电荷转移速率的限制。此外，还原峰较严重的拖尾现象可能和氧化过程和还原过程遵循的机理相关。

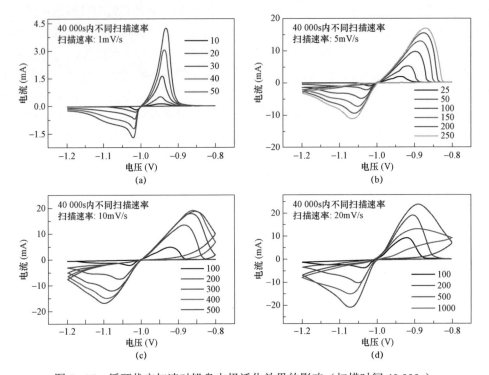

图 5-17　循环伏安扫速对铅盘电极活化效果的影响（扫描时间 40 000s）

（a）铅盘电极在 1mV/s 扫描 50 周的循环伏安曲线；（b）铅盘电极在 5mV/s 扫描 250 周的循环伏安曲线；

（c）铅盘电极在 10mV/s 扫描 500 周的循环伏安曲线；（d）铅盘电极在 20mV/s 扫描 1000 周的循环伏安曲线

（2）氧化电量随扫描周数的变化。图 5-18 是将图 5-17 铅盘电极经不同扫速极化时氧化电量随扫描时间的变化曲线，从图中可以看出，不同扫速下氧化电量的变化趋势差异很大。

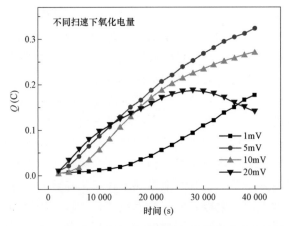

图 5-18　不同扫速下氧化电量随扫描周数的变化曲线

在 1、5、10mV/s 扫速下，随着扫描周数的增加，反应电量基本上呈增加趋势，而 20mV/s 扫速下的氧化电量变化曲线呈现先增大后减小的趋势，最大值出现在第 28 000s（即第 700 周）左右。在扫描的前 5000s 内，20mV/s 扫速下对应曲线的斜率最大，且在前 10 000s 内保持了较高的氧化电量值，但斜率随后开始下降；5mV/s 对应的曲线始终保持较大的斜率，并在活化的后半段呈现出较大的氧化电量；10mV/s 扫速对应曲线的斜率也相对较高，但电量值始终小于 5mV；1mV/s 扫速对应曲线的斜率相对较小，但从第 20 000s 后保持了相对稳定的斜率。

不同的氧化电量变化趋势，反应出电极表面的活性物质层结构的不同；反应电量值的大小，则对应着电极表面参与氧化/还原反应的活性物质层厚度。结合图 5-18 的分析可知，在扫描初期，扫描速度越大，氧化电量增加速率越快，意味着高扫速下，有更多的铅参与氧化反应，但随着扫描时间的延长，较低扫速下（包括 1mV/s，5mV/s），氧化电量增加速率保持恒定，而较高扫速下，氧化电量增大的速率降低，当扫速为 20mV/s 时，甚至出现氧化电量减少的现象。

若进一步比较 5mV/s 和 10mV/s 两种扫速下的区别，两者在前期氧化电量增加趋势基本一致，但在 5mV/s 扫描后期可以保持相对较高的增大速率，这可能和不同扫速下，形成的硫酸盐化结构的形貌不同有关。综合考察图 5-17、图 5-18 的结果，5mV/s 扫速下的活化效果相对较好。但是，考虑到电极表面的活性物质在较高扫速循环伏安下可能无法充分发生氧化反应，无法体现真实的活化效果。

（3）不同扫速下循环伏安活化后电极的活性比较。为了进一步分析不同扫速下循环伏安的活化效果差异，将分别经过四种不同扫速活化 40 000s 后的电极，在相同的电解液，相同的电位区间以相同的扫描速度进行循环伏安测试，比较其活性，其 CV 曲线及氧化电量数据见图 5-19。

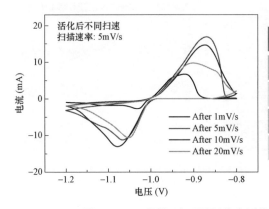

图 5-19 不同扫速下循环伏安活化后电极的活性比较

由图 5-19 可以看出，经 5mV/s 和 10mV/s 循环伏安活化后的电极对应的测试曲线具有较高的峰电流及峰面积，说明两者的活化效果相对较好，而前者对应的氧化峰电流值及氧化电量值略大于后者，且后者的氧化峰存在轻微的拖尾现象，说明经 5mV/s 扫速循环伏安活化后的电极活性物质更多且反应活性较高，活化效果更好；1mV/s 扫速活化后对应的曲线峰面积最小，说明低扫速对应的电极活化效果较差，电极表面可参与反应的活性物质层较薄；20mV/s 扫速活化后对应的曲线的氧化峰较为特别，可能是由于电极表层的材料脱落影响了活性物质层表面的界面状态,影响了传质过程的进行[121],但其氧化峰面积仍高于 1mV/s 的曲线。

（4）硫酸铅结构和形貌影响。为了进一步比较不同扫描速度和扫描周数对所形成的硫酸铅的结构和形貌的影响,我们将测试后的铅盘电极进行了光学拍照和 SEM 表征,对极化后电极的表面状态进行分析。在拍照过程中发现,经 20mV/s 扫描后的电极表面,出现了少量活性物质层脱落的情况,且存在一个占电极表面积一半以上（约 0.6cm²）、已经与底面分离的活性物质薄层,该薄层较为致密,可轻易剥离。而在其他三种扫速下进行循环伏安活化后的电极并未出现此情况。

活性物质层的脱落,说明铅盘电极表面的反应层在经过 20mV/s 循环伏安扫描的过程中发生了较为剧烈的空间结构变化。硫酸铅的摩尔体积约为金属铅的 2.6 倍,因此,在活性物质发生氧化/还原反应的过程中必然伴随着材料体积膨胀/收缩的过程,导致材料结构的坍塌,但是如果电极表面局部结构的完整性能够维持,活性物质会通过这一过程增加孔隙率,提高反应活性,并为深层的金属铅提供发生反应所需的离子通道,反而会增加反应层厚度、提高活性物质利用率。材料发生体积膨胀、收缩的速率和次数影响着材料结构发生破坏的程度。当电极在较高扫速下进行循环伏安扫描活化时,材料发生膨胀/收缩的速率较快,频率较高,这可能是导致电极表面活性物质层脱落的原因[122]。

图 5-20 所示的情况,也揭示了 20mV/s 扫速下电极氧化电量在后期迅速下降的原因,电极表面活性物质层的逐渐脱落,必然会使得参与电化学反应的活性物质量减少,影响电极的电化学活性。

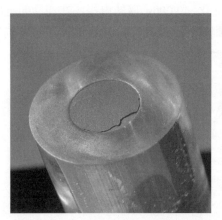

图 5-20　经 20mV/s 循环伏安活化 40 000s 后的铅盘电极光学照片

图 5-21 为不同扫速活化后的铅盘电极表层活性物质 SEM 微观形貌,反映了非常明显的差异。

图 5-21（a）所示 1mV/s 扫速活化后的活性物质颗粒粒径不太均匀,部分颗粒尺寸较大;从整体来看,颗粒结晶较好,且堆积较为松散。较好的结晶度说明还原过程进行较为缓慢,但这种形貌的硫酸铅单颗粒导电性相对较差,在还原过程中的溶解速度也较为缓慢,可能会降低其电化学活性,以该扫速进行多周期扫描后,可能会出现硫酸盐化。

图 5-21（b）为 5mV/s 扫速活化后的活性物质颗粒,其粒径较为均匀,尺寸适中,整体结晶度一般,成多孔、有序的堆积结构。

图 5-21（c）为 10mV/s 扫速活化后的活性物质颗粒，其粒径较均匀，但其尺寸相对较小，整体结晶度一般，但从图中可以看出硫酸铅颗粒层的堆积较为紧密，平均孔径可能较小。

图 5-21（d）为 20mV/s 扫速活化后的表层活性物质颗粒照片（脱落层，见图 4-20），其颗粒均匀，尺寸非常小，整体结晶度较好，且堆积很紧密，这种情况与前文所述的铅酸蓄电池负极板表面钝化的情况非常相似。

图 5-21（e）为同组实验中电极表层脱落后，底层活性物质的形貌，从图中可见，底层的颗粒粒径不太均匀，尺寸较表层大许多，结晶度相对较好，堆积非常紧密。表层细小且结晶度好的硫酸铅颗粒的形成，可能与较高的扫速有直接关系，高扫速带来的快速、强烈的电极极化，会使得电极表面发生氧化反应时快速生成硫酸铅，电极表面出现硫酸铅过饱和度过高，使得大量晶核迅速生成并堆积、重叠生长。但是随着活化过程的进行，表层紧密堆积的颗粒会影响硫酸根离子及铅离子的迁移，限制内层活性物质参与反应形成颗粒，因而使得内层的活性物质颗粒不能较好地形成，出现了图 5-21（e）所示的形貌，而且由于该形貌的活性物质颗粒和表层颗粒呈现出明显不同结构，会使颗粒层之间出现应力，最终造成表层脱落。

(a)

(b)

图 5-21 不同扫速活化后的铅盘电极表层活性物质 SEM 形貌（一）

（a）1mV/s 活化 50 周后的铅盘电极表层活性物质 SEM 形貌；（b）5mV/s 活化 250 周后的铅盘电极表层活性物质 SEM 形貌

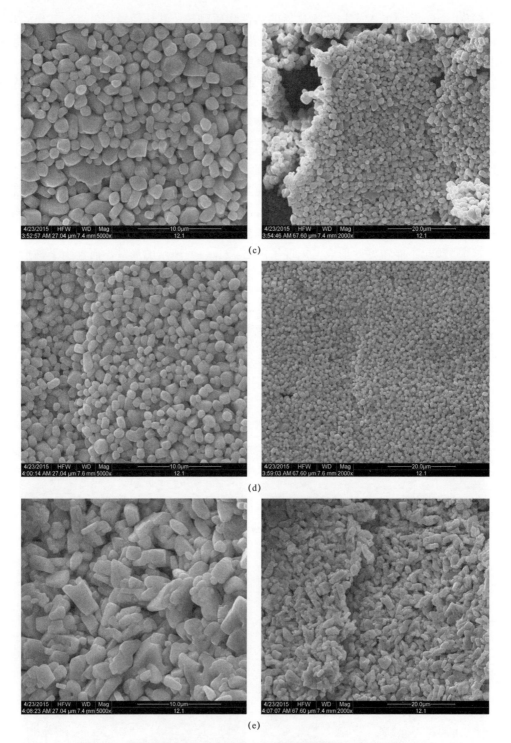

图 5-21 不同扫速活化后的铅盘电极表层活性物质 SEM 形貌（二）

（c）10mV/s 活化 500 周后的铅盘电极表层活性物质 SEM 形貌；

（d）20mV/s 活化 1000 周后的铅盘电极表层活性物质 SEM 形貌（脱落层）；

（e）20mV/s 活化 1000 周后的铅盘电极表层活性物质 SEM 形貌（底层）

以上结果表明，在相同的反应时间内，以不同的循环伏安扫速对电极进行活化，活化的效果是明显不同的。电化学测试数据表明，在 40 000s 的活化时间内，5mV/s 扫速对应的活化效果最好；SEM 数据表明，5mV/s 扫速活化后的电极表面活性物质颗粒较为均匀且结晶度不高，可能会在后续的循环过程中保持较好的稳定性，不易出现硫酸盐化或钝化。

对于电池充放电而言，低扫速表明慢速充放电，意味着小电流充放电，会对电池活化起到良好的作用。

5.3.3 循环伏安扫描周数对活化的影响

通过对扫速影响的研究，说明了 5mV/s 扫速下的循环伏安对铅盘电极具有较好的活化效果，在此基础上，确定合适的扫描周数，以达到较好的电极活化程度。

图 5-22（a）为铅盘电极在 5mV/s 扫速下扫描 500 周的循环伏安曲线。随着扫描周数的增加，氧化/还原电流峰的峰电流值不断增大、峰面积持续增加，氧化/还原峰电位不断发生正移/负移。在活化过程的后期，由于氧化/还原峰面积不断增加，电流峰拖尾现象加重，从第 350 周开始出现氧化电流值在截止电位处未回到基线的情况。图 5-22（b）为氧化电量在扫描过程中随周数增加的变化曲线，该曲线在 500 周内始终呈增加趋势。仔细观察，可见曲线在前 200 周内维持较大斜率，此后随周数增加斜率逐渐减小，在第 350 周左右斜率达到相对稳定，说明氧化电量的增速变缓，电极已经达到较高的活化程度。

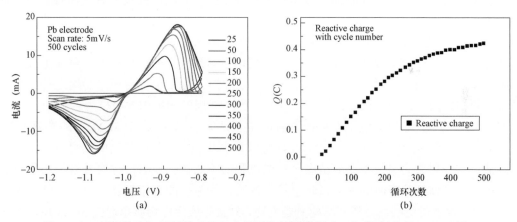

图 5-22　循环伏安扫描周数对铅盘电极活化效果的影响，扫描时间 80ks（500 周）
（a）铅盘电极在 5mV/s 扫速下扫描 500 周的循环伏安曲线；（b）氧化电量随扫描周数的变化曲线

氧化、还原电流峰的峰电流值、峰面积，以及氧化电量变化趋势说明铅盘电极在 500 周循环伏安扫描活化过程中始终处于活化状态。随着扫描周数增加，氧化、还原电流峰拖尾现象的加重，以及氧化电量变化曲线斜率的降低，说明活化效率降低，这可能是由于参与反应的活性物质总量不断增大，电极表面的反应层不断变厚，活化过程开始受到传质速率和界面电荷转移速率的限制，此时继续进行循环伏安扫描可能不利于电极的进一步活化。

图 5-23（a）为铅盘电极经 500 周循环伏安扫描活化后的光学照片，活化后的电极表面出现了活性物质层脱落的情况。图 5-23（b）为铅盘电极经 250 周循环伏安扫描活化后的光学照片，其表面并未发生活性物质层脱落。图 5-23（a）中电极表面活性物质层脱落的形态

与图 5-20 存在明显差异，活性物质层相对较薄，且出现多处断裂，呈不连续的带状脱落，并非大面积整块剥离。

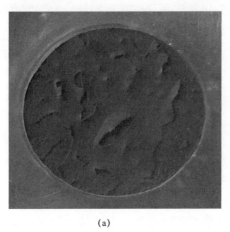
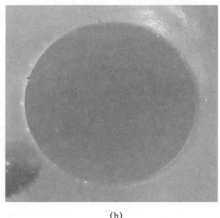

（a）　　　　　　　　　　　　　　　（b）

图 5-23　在 5mV/s 扫速下扫描不同周数循环伏安后的电极表面光学照片

（a）铅盘电极经 500 周循环伏安扫描活化后的光学照片；（b）铅盘电极经 250 周循环伏安扫描活化后的光学照片

以上情况说明，在 5mV/s 扫速下，虽然活性物质膨胀、收缩的速率较低，但是随着循环伏安周数增加，体积变化造成的结构坍塌积累到一定程度后，仍会发生活性物质层的脱落，而活性物质的脱落对活化及测试过程必然会造成一定影响。对应图 5-22（b）中曲线斜率的变化，这一活性物质层脱落的过程很可能是导致曲线第 350 周处斜率下降的原因。

结合图 5-21、图 5-22 的分析可知，为了使电极达到较好的活化程度并避免电极表面活性物质层脱落，在采用循环伏安方式对电极进行活化时，除了选择合适的扫速之外，也需要选择合适的扫描周数。结合已有的数据，我们认为 250 周的扫描周数是较为合适的。

图 5-24 为 5mV/s 扫速扫描 500 周后的电极表层活性物质在 SEM 下的微观形貌。图 5-24（a）为发生剥落的表层颗粒形貌，可以看出其颗粒呈现出极高的结晶度，晶体的孔隙率降低。这一现象的出现，可能是由于扫描过程的不断进行使活性物质颗粒经历了反复的溶解沉积，使晶体颗粒表面的硫酸铅分子重新排列，为晶体的有序生长提供了条件。高结晶度、致密的活性物质层必然会使其结构变硬变脆，导致表层活性物质出现图 5-23 所示的剥落现象。图 5-24（b）为脱去表层后的底层活性物质颗粒形貌，其形态和表层活性物质明显不同，颗粒堆积紧密且粒径不均匀，颗粒结晶度虽然较好但多为细小的片状结晶，与图 5-9（e）所示的底层活性物质颗粒略为相似。

通过图 5-24 与图 5-21（b）的比较，可以发现，图 5-21（b）中的活性物质层具有较好的孔隙率及颗粒形貌，具有更高的反应活性及更高的活性物质颗粒利用率。图 5-22（b）所示的电极氧化电量曲线斜率下降，也与本图中物质颗粒电化学活性的降低吻合。本节的测试结果表明，扫描周数过多可能会使活性物质颗粒的生长朝着不利于电化学过程的方向进行，250 周左右的扫描周数是铅盘电极较为适宜的活化条件。

同一条件下电池的充、放电次数不宜过多，使用阶梯式充、放电或变频充、放电可以起到良好的电循环激活效果。

图 5-24　5mV/s 扫速扫描 500 周后的铅盘电极表层活性物质 SEM 形貌

（a）5mV/s 扫速下扫描 500 周后的铅盘电极表层活性物质 SEM 形貌（表面脱落层）；
（b）5mV/s 扫速下扫描 500 周后的铅盘电极表层活性物质 SEM 形貌（底层）

5.3.4　电循环过程温度对活化的影响

由于铅/硫酸铅电极过程部分遵循溶解/沉积机理,而环境温度对电解液中的离子迁移速率有很大影响[119, 120]。项目组研究了不同环境温度下铅盘电极的活化效果。

图 5-25（a）是 15、25、35℃下,铅盘电极以 5mV/s 扫速扫描 250 周时, 第 250 周的循环伏安曲线；图 5-25（b）是三种温度下对应的反应电量随周数的变化。由图可见,不同温度下,铅盘电极的循环伏安曲线变化趋势基本相同,但活化相同周数的活化效果存在明显差异。观察 5-25（a）中三组曲线的氧化、还原峰可知,活化相同时间, 反应温度越高,峰电流值越大,35℃时的氧化峰电流值约为 15℃时的两倍；电流峰面积随之增加,氧化、还原电位的偏移量也随之增大。图 5-25（b）中,不同温度下,相同循环周数时的氧化电量值明显不同,基本上与反应温度呈正相关；氧化电量变化曲线的斜率也有所不同,15℃时的起始斜率明显偏低,35℃时的斜率则始终保持较大值。

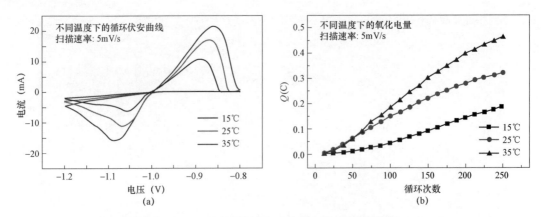

图 5-25　反应温度对铅盘电极活化效果的影响

（a）不同温度下，铅盘电极的 5mV/s 活化 250 周的 CV 曲线；（b）不同温度下，铅盘电极的氧化电量随扫描周数的变化曲线

不同反应温度下的循环伏安曲线呈相同的变化趋势，说明反应温度的变化并未改变反应历程；峰电流值和峰面积与温度呈正相关，说明较高的反应温度条件下，电解液中离子迁移速率增大加速了反应的动力学过程。图 5-25（b）中，15℃对应曲线的起始斜率明显偏低，反应面积较小，说明在反应初期，离子扩散速率较低，新生成的硫酸铅易在电极表面形成较多的晶核，形成类似钝化层的结构，在一定程度上阻碍了电极活化的进程；在一定的循环周期之后，随着反应层厚度增大，反应比表面增大，电量变化曲线的斜率增大。35℃时，斜率始终保持较大值，可能是由于此时离子迁移速率较高，Pb^{2+}、SO_4^{2-}离子迁移速度满足了溶解沉积过程的条件，使每一个循环伏安周期中参与氧化、还原反应的物质的量有所增加，加快了活性物质层向电极内部生长的速度，在整体上提高了循环伏安过程的活化效率，加速了活化进程。

图 5-26 为不同温度下，经 5mV/s 扫速活化后的铅盘电极表层活性物质在 SEM 下的微观形貌，反映出较为明显的差异。其中，15℃条件下活化后的电极表面活性物质层的颗粒粒径小、结晶度高、致密，这与铅酸蓄电池负极板在低温条件下发生钝化的情况一致，且与图 5-26（d）所示的整体颗粒形貌比较相似。低温条件下形成的小颗粒高结晶度活性物质层，可能是由于电解液中的离子迁移速率受温度影响，SO_4^{2-}、Pb^{2+}在低温条件下不易扩散，导致了大量晶核的生成，并再次因离子迁移速率较低不断在附近堆积生长。

25℃和 35℃条件下的活性物质层表观形貌差别不大，图 5-26 明显反映出 35℃条件下的活化效果更好，这可能是由于在较高温度下，离子迁移速率较大，电极表层下方的深层颗粒可以通过 SO_4^{2-}、Pb^{2+}的快速迁移加速氧化还原反应，获得更高的活性物质利用率。

在充、放电循环激活的过程中，适当提高环境温度有利于活化反应的进行。同时，电池本身的温度不断升高，为了防止热失控带来的失水及安全隐患，不需要特别加热，仅需在环境温度下进行即可。

5.3.5　小结

以铅盘电极为模拟对象研究采用循环伏安扫描方式活化的过程中，扫速、扫描周数、温度三种影响因素对于活化的影响。可知：

图 5-26　反应温度对铅盘电极活化效果的影响

（a）15℃，5mV/s 扫速活化后的铅盘电极表层活性物质的 SEM 形貌；（b）25℃，5mV/s 扫速活化后的铅盘电极表层活性物质的 SEM 形貌；

（c）35℃，5mV/s 扫速活化后的铅盘电极表层活性物质的 SEM 形貌

（1）当活化时间一定的情况下，低扫速可以使铅盘电极较快地发生活化且保持相对较高的活化效率；高扫速下的电极表面活性物质出现了类似钝化的效应，严重影响了活性物质参与电化学过程，其电化学活性也受到影响。

（2）当扫速固定不变时，适度的扫描周数有利于提高活化效率，过高的扫描周数会导致活性物质层的脱落，反而影响电极性能，通过阶梯式充放电可以有效改变扫描周数的影响。

（3）电极的活化速度与温度呈正相关。较低的环境温度15℃以下，明显不适于测试的进行。

（4）从以上三方面结论得出：室温以上的环境下，以小电流深度进行有限次数的全充、放循环是最有效的电循环激活方法。

5.4 基于多维度健康状态评价的精准复原方法

通过对现有电池修复方法的系统研究[123-125]，以及对电池劣化情况的综合分析，课题组提出了基于退运铅酸蓄电池电压、容量、内阻、运行年限等多维度健康状态评价方法的精准修复方法。

5.4.1 复原方法技术特点

该方法依据电池的分级评价指标对电池的健康状态进行分类，将一批退运的铅酸蓄电池根据分级评价标准剔除无法修复的电池后，通过几个关键性指标的测试快速将电池分为：轻度劣化电池、中度劣化电池和重度劣化电池。针对不同健康状态的电池，根据其劣化原因的差别，实现精准修复，其技术特点见表5-2。

表5-2　　　　　　　　　　基于多维度健康状态评价的精准复原方法

分级情况	轻度劣化电池	中度劣化电池	重度劣化电池
运行年限	1~3年	3~5年	5~8年
开路电压	1.8V以上	1.0~1.8V	0.3~1.0V
阻增加值	10%以下	10%~25%	25%~50%
剩余容量	90%以上	60%~90%	40%~60%
一般劣化原因	失水+轻微硫酸盐化	中度硫酸盐化	重度硫酸盐化
修复方法	补水（0.6mL/Ah）+微电流深度循环（0.01C）	绿色活化剂（高温熔盐法纳米碳复合活化剂）+阶梯循环法（一般分三个阶段，电流按0.01、0.05、0.1C递增）	绿色活化剂（高温熔盐法纳米碳复合活化剂）+小电流深度循环法（0.1~0.3C）

5.4.2 复原方法技术实施方案

该方法已申请相关发明专利《一种变电站退运铅酸蓄电池性能复原方法》，申请号：201510229613.7，其具体技术实施方案如下：

（1）确立退运铅酸蓄电池分选方法。包括外观分选和历史运行数据汇总分析，以此剔除报废电池、初步筛选出进入后续性能评价环节的退运电池。

1）外观分选涵盖：测量电池变形情况、判断电池是否破损、判断电池功能元件是否受损、查看电池标识信息及生产铭牌信息是否清晰。外观分选的标准包括：外观变形不得超过±1%，或者电池不能存在破损现象，或者电池功能元件不得受损，或者电池标识信息及生产铭牌信息需清晰可见。

2）历史运行数据汇总分析包括：收集退运铅酸蓄电池规格型号、生产厂家、投运时间、退役时间、维护记录、故障检修记录及容量核对信息；依据历史运行信息汇总分析结果，长期搁置、发生失水及硫酸盐化的劣化或故障电池需剔除，无法修复；运行年限超过 5 年的电池无法修复；退役前核对容量低于 40%的电池无法修复；开路电压低于 0.3V 或者放电结束前电压低于 0.3V 的电池无法修复。进一步优选，单体电压为 6V 的电池，开路电压低于 1.0V 或者放电结束前电压低于 1.0V 的电池无法修复。进一步优选，单体电压为 12V 的电池，开路电压低于 1.8V 或者放电结束前电压低于 1.8V 的电池无法修复。

（2）建立退运铅酸蓄电池性能评价体系：涵盖性能测试评价、劣化原因分析，以此剔除不具备修复价值的电池，为后续的电池分级和修复提供参考方法。

1）性能测试评价包括：电压测试、内阻测试、剩余容量测试；若测试电压低于 0.3V、或内阻大于初始值的 50%、或剩余容量低于额定容量的 40%，则电池不具备修复条件。进一步优选，单体电压为 6V 的电池，若测试电压低于 1.0V，则电池无法修复。进一步优选，单体电压为 12V 的电池，若测试电压低于 1.8V，则电池无法修复。

2）劣化原因分析指依据电池外特性指标并结合相应的性能试验,分析判断引起电池裂化的关键因素；对于运行年限小于 1～2 年，一直处于浮充状态，未经核对性充、放电的退役电池，若充、放电容量比值偏差不超过 10%，则电池劣化主要因素为长期搁置和失水造成的；对于运行年限在 3～5 年的电池,经过容量核对性试验或者电池组进行过放电工作的；且以 0.1C 充、放电时，存在如下现象：充电容量达到额定容量的 40%以上，但放电容量低于 40%；或者充、放电容量比误差为 20%～30%；则可判断电池劣化主要因素为电池材料硫酸盐化造成的。

（3）建立退运铅酸蓄电池分级标准：包括确立分级指标体系与赋值权重。退运铅酸蓄电池分级标准即建立基于内阻、剩余容量和运行年限三个维度的电池分级标准；具体的，退役电池可分为性能优良、基本合格、可以修复三个等级；所述退运电池分级标准的赋值权重包括：

1）性能优良的电池，即指内阻增加值小于出厂值的 10%、剩余容量不低于额定容量的 90%且运行年限小于 3 年，也即轻度劣化电池。

2）基本合格的电池，即指内阻增加值为出厂值的 10%～25%但不包括 25%、剩余容量为额定容量的 60%～90%且运行年限为 3～5 年但不包括 5 年，也即中度劣化电池。

3）可以修复的电池，即指内阻增加值为出厂值的 25%～50%、剩余容量为额定容量的 40%～60%、且运行年限为 5～8 年，也即重度劣化电池。

（4）确立退运铅酸蓄电池修复工艺：即依据电池性能与劣化程度采取合适的修复工艺，包括：电解液比重调整、微电流深度充放电多个循环法；或者电解液比重调整、加入绿色活化剂配合小电流阶梯式深度充放电多个循环法；或者电解液比重调整、加入绿色活化剂配合小电流深度充放电多个循环法。

1）性能优良的退运电池，优选的修复工艺为：打开蓄电池安全阀，取微量电解液测其比重，根据电池电解液比重大小每只电池添加 200～500mL 蒸馏水，调整电解液比重至出厂时水平；进一步，以微电流深度充放电多个循环法修复电池，即电池以 0.01C 充放电策略循环 8～10 次，充电截止电压 2.2V，放电截止电压 1.8V，直至电池容量恢复至额定容量的 90%及以上。

进一步优选，单体电压为 6V 的电池，则充电截止电压 6.6V，放电截止电压 5.4V。

进一步优选，单体电压为 12V 的电池，则充电截止电压 13.2V，放电截止电压 10.8V。

2）基本合格的退运电池，优选的修复工艺为：打开蓄电池安全阀，取微量电解液测其比重，根据电池电解液比重大小每只电池添加 200～500mL 加蒸馏水，调整电解液比重至出厂时水平；加入适当的绿色修复剂，进一步，以小电流阶梯式充放电多个循环法修复电池，即电池先以 0.01C 充放电策略循环 8～10 次，充电截止电压 2.2V，放电截止电压 2.0V；接着以 0.05C 充放电策略循环 5～8 次，充电截止电压 2.2V，放电截止电压 2.0V；最后以 0.1C 充、放电策略循环 3～5 次，充电截止电压 2.2V，放电截止电压 2.0V，如此往复，直至电池容量恢复至额定容量的 90% 及以上。

进一步优选，单体电压为 6V 的电池，则充电截止电压 6.75V，放电截止电压 5.4V。

进一步优选，单体电压为 12V 的电池，则充电截止电压 13.5V，放电截止电压 10.8V。

3）可以修复的退运电池，优选的修复工艺为：根据电池电解液比重大小每只电池添加 200～500mL 加蒸馏水，调整电解液比重至出厂时水平；加入适当的绿色修复剂，进一步，以小电流深度充、放电多个循环法修复电池，即电池以 0.1～0.3C 充、放电策略循环 8～10 次，充电截止电压 2.4V，放电截止电压 1.2V；然后以 0.1C 充、放电策略循环 5～8 次，充电截止电压 2.2V，放电截止电压 1.8V，修复结束的标志位电池容量恢复至额定容量的 90% 及以上。

进一步优选，单体电压为 6V 的电池，则充电截止电压 6.6V，放电截止电压 5.4V。

进一步优选，单体电压为 12V 的电池，则充电截止电压 13.2V，放电截止电压 10.8V。

（5）修复后铅酸蓄电池重组：即通过制定电池重组标准，筛选合适的单体电池通过串联方式组成电池组；变电站电池组由 104 节 2V 单体电池串联，或者由 35 节 6V 单体电池串联，或者由 18 节 12V 单体电池串联组成。

1）对于 104 节 2V 单体电池，优选的配组标准为：所述电池间电压误差不超过 40mV，容量误差不超过 10%，内阻误差不超过 0.1mΩ。

2）对于 35 节 6V 单体电池，优选的配组标准为：所述电池间电压误差不超过 50mV，容量误差不超过 10%，内阻误差不超过 0.3mΩ。

3）对于 18 节 12V 单体电池，优选的配组标准为：所述电池间电压误差不超过 70mV，容量误差不超过 10%，内阻误差不超过 0.5mΩ。

（6）重组后铅酸蓄电池组均衡：即电池组依照变电站真实运行条件，在线运行一周后检测单体电池电压，对电压过高的电池进行放电，对电压过低的电池进行充电，实现电池组性能一致性。

1）对于单体电池电压为 2.0V 的电池，所述电压在 1.9～2.0V 间的电池以 0.01C 电流进行恒流充电直至电压处于 2.0～2.1V 之间；对于电压在 2.1V 以上的电池以 0.01C 电流进行恒流放电直至电压处于 2.0～2.1V 之间。

2）对于单体电池电压为 6.0V 的电池，所述电压在 5.7～6.0V 之间的电池以 0.01C 电流进行恒流充电直至电压处于 6.0～6.3V 之间；对于电压在 6.3V 以上的电池以 0.01C 电流进行恒流放电直至电压处于 6.0～6.3V 之间。

3）对于单体电池电压为 12.0V 的电池，所述电压在 11.4～12.0V 之间的电池以 0.01C 电流进行恒流充电直至电压处于 12.0～12.6V 之间；对于电压在 12.6V 以上的电池以 0.01C 电流进行恒流放电直至电压处于 12.0～12.6V 之间。

基于多维度健康状态评价的精准复原方法和现有技术相比，在不改变电池体系组分、不破坏电池结构的前提下，仅通过电池充放电设备，而无需借助其他复杂的仪器设备即可实现电池性能修复，且修复效果显著，修复成本较低，应用前景广阔。

5.5 绿色低成本复合复原方法技术效果

5.5.1 不同复原方法修复效果对比

通过对国内外主要铅酸电池修复方法的研究整理，并同课题组研究的绿色低成本复原方法进行比较，实验效果如下：

（1）补水深度循环的方法。

1）方法：在失水电池补充蒸馏水，小电流条件下对电池进行充分的深度充放电循环实现电池修复。小倍率完全充放电，修复时间较长。

2）机理：通过补充蒸馏水，降低体系电解液浓度，提高硫酸铅溶解度。小电流长时间充电，降低欧姆极化，延缓水分解电压的提早出现；深度充放电以减轻或消除极柱附近溶解和转化为活性物质过程中的硫化现象。

3）实验情况：采用 103 只运行 3 年的 GFM-2V-200 Ah 铅酸蓄电池作为修复对象，总修复时间 8 小时。修复后容量平均恢复 30.49%，见图 5-27、图 5-28。

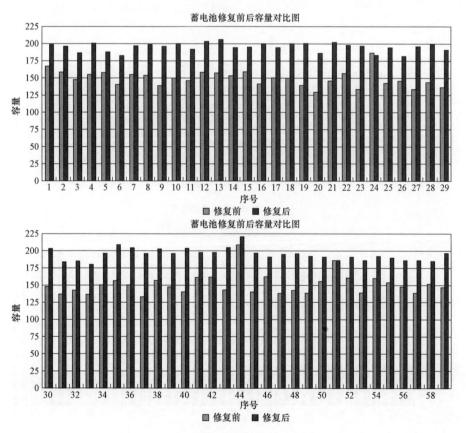

图 5-27 电池修复前后容量对比图（一）

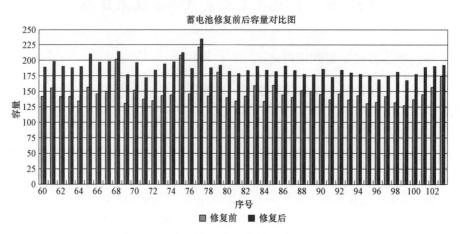

图 5-27 电池修复前后容量对比图（二）

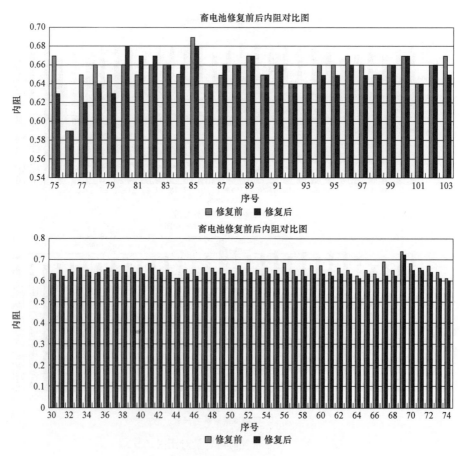

图 5-28 电池修复前后内阻对比图（一）

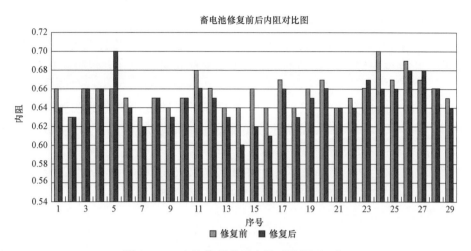

图 5－28　电池修复前后内阻对比图（二）

（2）大电流脉冲的方法。

1）方法：通过对离线电池施加大倍率电流脉冲，使得电池性能提高。

2）机理：在较大的电流密度下（100mA/cm²），负极可以达到很低的电势值，远离零电荷点，改变电极表面带电的符号，表面活性物质发生脱附，特别是对阴离子型的表面活性物质，使充电顺利进行；高电流密度下极化和欧姆压降增加，这部分能量转化为热，使蓄电池内部温度升高，促进了硫酸盐化的溶解。

3）实验情况：采用 2 只运行 3 年的 GFM－2V－300Ah 铅酸蓄电池作为修复对象，单节总修复时间 12 小时。修复后容量平均恢复 43.97%，见图 5－29、图 5－30。

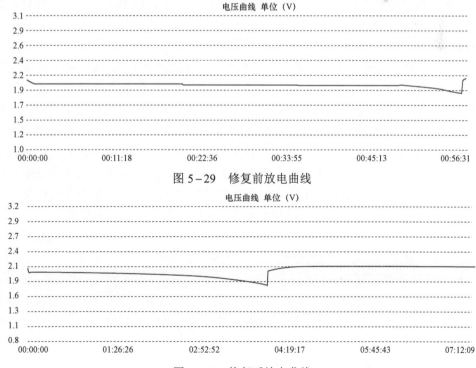

图 5－29　修复前放电曲线

图 5－30　修复后放电曲线

（3）加入商用活化剂后间歇性充电的方法。

1）方法：在电池中加入商用化学活化剂，然后对电池施加以间歇性充电实现对电池的修复。

2）机理：在电池中加入的添加剂，引入了新的配位金属离子，包裹硫化盐形成配位化合物。

形成的化合物在酸性介质中不稳定，不导电的硫化层将逐步溶解返回到溶液中，使极板硫化脱附溶解。在电流的作用下，硫酸铅的溶解较快。间歇式充电由于过度极化，产生大量析出气体，其冲刷作用易使活性物质脱落。

3）实验情况：采用 24 只运行 3 年的 GFM-2V-200Ah 铅酸蓄电池作为修复对象，单节总修复时间 16 小时。修复后容量平均恢复 35.72%，见图 5-31。

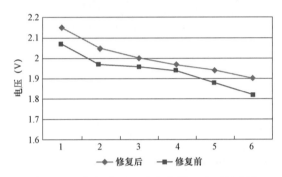

图 5-31　修复前后同放电容量下电压的变化

（4）均衡谐振脉冲的方法。

1）方法：通过对电池施加高频（8kHz 以上）脉冲，多谱段脉冲实现电池修复。脉冲的频率需要在一个比较宽的尺度下变化，修复时间很长。通常需要数十个小时，有的甚至需要一周的时间。

2）机理：从原子物理学角度，硫离子有 5 个不同的能级状态，处于亚稳定能级状态的离子趋向于迁落到稳定的共价键能级存在。在稳定的共价键能级状态，硫以包含 8 个原子的环形稳定的分子形式存在，难以跃变和被打碎，电池的硫化现象就是这种稳定的能级。要打碎这些硫化层的结构，需要给环形分子提供一定的能量，促使外层原子加带的电子被激活到下一个高能带，使原子之间解除束缚。每一个特定的能级都有唯一的谐振频率，谐振频率以外的能量过高会使跃迁的原子处于不稳定状态，能量过低，不足以使原子脱离原子团的束缚，这样脉冲修复仪在频率多次变换中只要有一次与硫化原子产生谐振，就能使硫化原子转化为溶解于电解液的自由离子，重新参与电化学反应，在特定条件下转换回活性物质。

3）实验情况：采用 2 只运行 3 年的 DZM-2V-200Ah 铅酸蓄电池作为修复对象，总修复时间 17 小时。修复后容量平均恢复 47%，见图 5-32。

（5）绿色低成本复合复原方法。

1）方法：判断电池健康状态，打开电池，补水后，向蓄电池内添加开发的基于纳米碳材料活化剂，对蓄电池进行活化再生，核对容量，若修复后的容量不足 80%，则进行小电流深度循环。

2）机理：见上文分析。

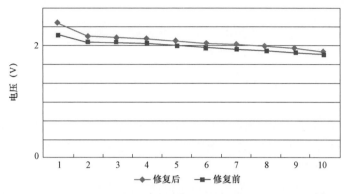

图 5－32　修复前后同放电容量下电压的变化

3）实验情况：采用 4 只运行 3 年的 GFM－2V－300Ah 铅酸蓄电池作为修复对象，总修复时间 10 小时。修复后容量平均恢复 59%，见图 5－33。

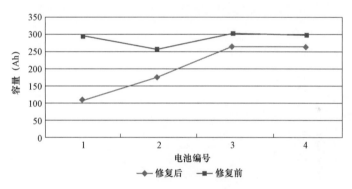

图 5－33　电池修复前后容量变化图

对于不同修复方法的总结见表 5－3。

表 5－3　　　　　　　　　　　　　不同修复方法的总结表

方法	电池运行 年限（年）	容量（Ah）	电压 （V）	修复前容量 （Ah）	修复后容量 （Ah）	修复时间 （h）
补水深度循环的方法	3	200	2	149.82	195.50	8
大电流脉冲的方法	3	300	2	28.28	116.22	12
加入通用活化剂后间歇性充电 的方法	3	200	2	135.60	206.44	16
均衡谐振脉冲的方法	3	200	2	170.22	240.34	17
绿色低成本复合复原方法	3	300	2	204.28	288.14	10

电力废弃物资源化及无害化应用技术丛书　退运铅酸蓄电池活化与再利用

综合以上信息，项目组研究的绿色低成本复合复原方法，采用添加绿色修复剂，并结合小电流充放电激活的效果最优，电池性能有了明显提高，使用寿命得到了延长，且对电池自身损伤最小。

5.5.2　不同运行年限电池修复效果对比

按照上述绿色低成本复合复原方法进行修复，对不同运行年限蓄电池的修复情况进行比较，结果如下：

（1）运行 10 年的退运铅酸电池性能研究与修复效果。课题组收集了某地某变电站运行 10 年以上的 2V−200Ah 变电站的退运铅酸蓄电池，退运后外观发生明显变化，绝大部分铅酸电池出现变形、漏液等现象。

对上述退运电池进行电性能分析，单芯电池内阻处于 2.8～3.7mΩ 之间，远大于出厂时不大于 0.7mΩ 的参数，且分散性较大，见图 5−34。开路电压依然保持较好，基本在 2V 以上。但此时电池的电压属于虚高，见图 5−35，容量测试中 104 节电池仅有 83 节电池能够测出，且基本处于 40% 以下，见图 5−36。

对上述退运电池进行简单物理电流循环修复，并与修复前的容量和内阻比较，基本无变化，见图 5−37。

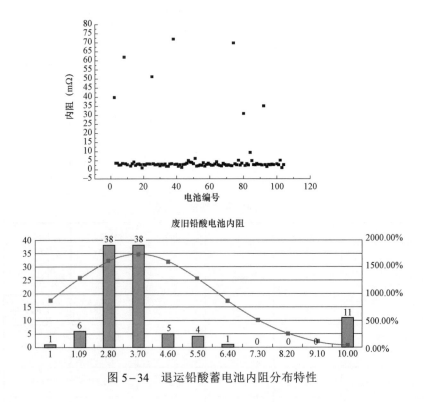

图 5−34　退运铅酸蓄电池内阻分布特性

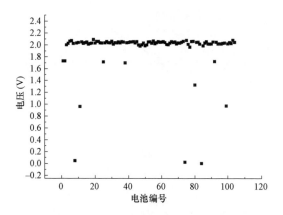

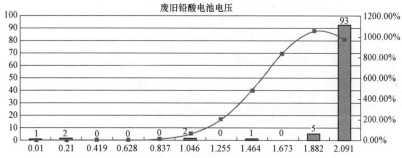

图5-35　退运铅酸蓄电池开路电压分布特性

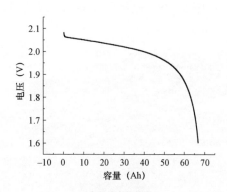

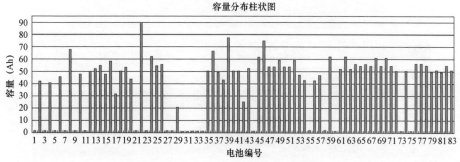

图5-36　退运铅酸蓄电池容量

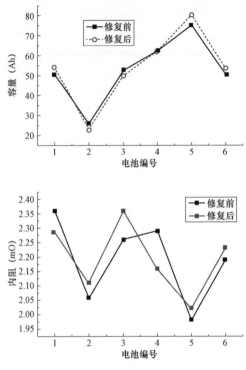

图 5-37 电池修复前后容量和内阻变化

将电池解剖后发现，负极板栅发生严重腐蚀，已经出现粉化，板栅骨架支离破碎；正极板栅也出现一定程度收缩，见图 5-38。电镜照片显示，极粉材料有大颗粒聚集体，发生了严重的硫酸盐化情况，见图 5-39。

图 5-38 运行 10 年退运铅酸电池解剖图

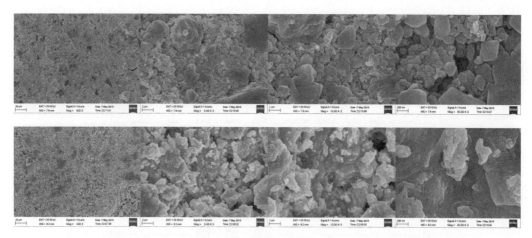

图 5-39 退运铅酸电池解剖后电镜图（上）正极（下）负极

可见，导致电池容量衰减的原因往往是板栅腐蚀、活性物质脱落等不可逆损伤造成的。运行 10 年左右的电池基本失去修复价值。

（2）运行 6 年的退运铅酸电池性能研究与修复效果。对某变电站运行 6 年的 1 组退运蓄电池进行研究，运行 6 年的蓄电池绝大部分外观良好，2%～3% 的电池外形变形，无漏液现象。电池内阻测试与新电池相比（该型号电池出厂时内阻不超过 0.4mΩ），内阻增加范围在 25%～75%，内阻有较为显著的增加，见图 5-40。退运电池电压均在 2.0V 以上，且绝大部在 2.10V 以上，与新电池相比，电压变化不大，见图 5-41。

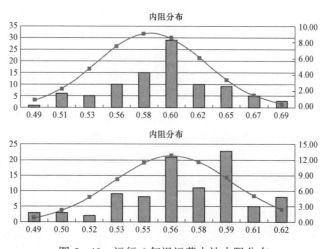

图 5-40 运行 6 年退运蓄电池内阻分布

随机选取 6 支运行 6 年的退运铅酸蓄电池，在 0.1C 充放电倍率下测试其剩余容量，发现电池剩余容量平均为 130Ah 左右（65% 左右）。利用添加蒸馏水（300～500mL，停止添加的判断标准为：添加蒸馏水后电解液充分浸润板栅，但不出现流动液体）配合 0.1C 充放电循环 5 次（充电截止电压 2.40V，放电截止电压 1.85V）的方法对电池进行修复，修复后，容量仅增加约 10%，修复效果不明显，见图 5-42。打开蓄电池阀控盖，观察发现蓄电池内部正极板活性物质脱落严重，板栅有轻微变形。

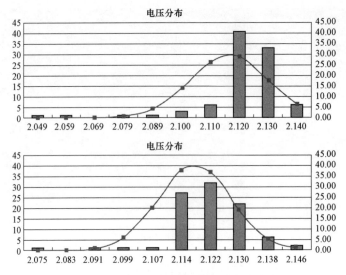

图 5−41　运行 6 年退运蓄电池电压分布

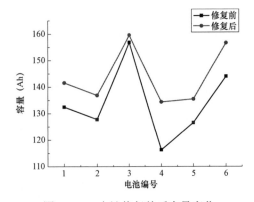

图 5−42　电池修复前后容量变化

　　试验结果表明，运行 6 年的铅酸蓄电池虽然外观良好、剩余容量相对可观，但是电池内阻增加幅度较大、内部结构发生不可逆衰减，基本无无修复价值。

　　（3）运行 3 年的退运铅酸电池性能研究与修复效果。以尖山基地的蓄电池作为研究对象。该电池是后备电源，见图 5−43，通过浮充浮放的方式为尖山在线监测系统供电。运行期 3 年左右，超过 90% 的时间都在浮充状态。供电能力从最初的 3 天缩短为 1 天，整体供电能力下降。

　　对其电性能分析，单芯电池内阻不超过 1mΩ，基本符合出厂时不大于 0.7mΩ 的参数，但分散度较出厂时显著增大，见图 5−44。开路电压保持较好，基本在 2.2V 以上。但此时电池电压虚高，见图 5−45，实际放电容量在 70～100Ah 之间，测试的 104 节电池中有 103 节电池能够测出，但基本处于额定容量的 50% 以下，见图 5−46。

图 5−43　尖山试验基地铅酸蓄电池 UPS 电源系统

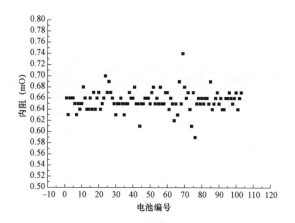

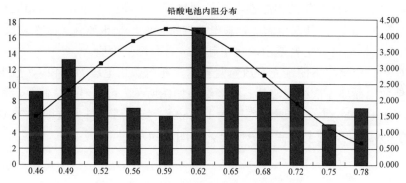

图 5-44　退运铅酸蓄电池内阻分布特性

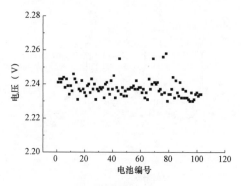

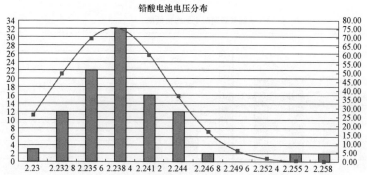

图 5-45　退运铅酸蓄电池开路电压分布特性

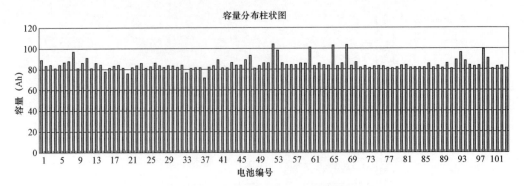

图 5-46 退运铅酸蓄电池容量

试验结果表明，运行 3 年的铅酸蓄电池外观良好，电池内阻与新电池相比稍有增大，且电池内阻整体基本一致。打开安全阀后，蓄电池内部未发现极板软化、活性物质脱落等现象，可判断该批次电池性能衰减主要是由硫化引起的，具有修复价值。

采用 0.1C 充放电倍率下的全充全放修复技术，充电截止电压为 2.40V，放电截止电压为 1.85V，连续充放电循环 5 次结束修复。修复结果如图所示。可以看出，修复后蓄电池容量大部分在 174.6～201.5Ah 之间，容量平均值为 191.6Ah，修复后容量大致增加 20Ah，容量恢复到初始容量的 95%左右，修复效果十分明显，见图 5-47。

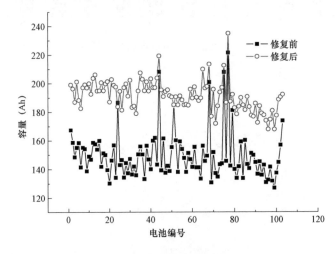

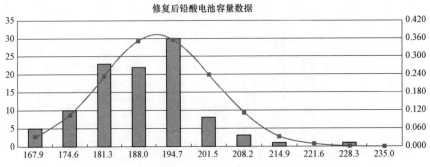

图 5-47 电池修复前、后容量变化及分布趋势

（4）运行1年左右铅酸电池性能研究与修复效果。

1）运行1年左右在运电池性能研究。对某地某变电站正在运行1年的蓄电池进行研究，研究对象共2组，分别以"1组"和"2组"表示。测试其内阻、电压大小及分布情况。如图5-48所示为运行1年蓄电池的内阻分布，结果表明，运行1年的蓄电池内阻与新电池相比变化不大。

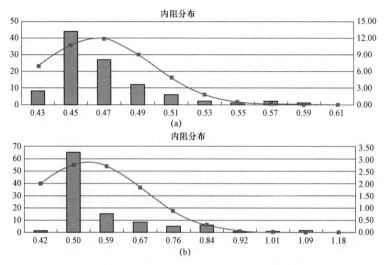

图5-48　运行1年蓄电池（1、2组）内阻分布

（a）运行1年蓄电池（1组）内阻分布；（b）运行1年蓄电池（2组）内阻分布

图5-49所示为运行1年蓄电池的电压分布，从图中可以发现蓄电池电压和新电池相比基本未出现变化。

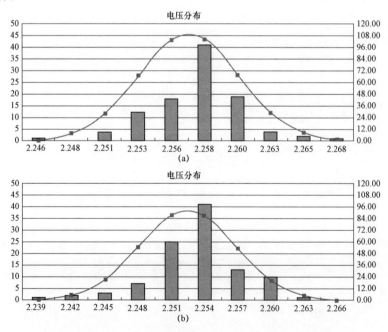

图5-49　运行1年蓄电池（1组、在运2组）内阻分布

（a）运行1年蓄电池（1组）内阻分布；（b）运行1年蓄电池（在运2组）内阻分布

可见对于 1 年左右的在运电池，性能基本与新电池无差别，不需要修复。

2）运行 1 年左右退运电池性能研究。电池规格 12V-20Ah，新电池使用 6 个月后，半电态搁置 1 年多，电池低电压无法运行，对其进单纯小电流深度循环方法进行修复，可使电池容量平均提高 7.8%，见表 5-4。

表 5-4　　　　　　　　　　　运行 1 年左右退运电池修复

项目	电池编号	1	2	3	4	5
容量（Ah）	修复前	16.916	18.938	18.944	15.962	16.716
	修复后	18.238	21.456	20.202	20.695	21.126
内阻（mΩ）	修复前	12.69	11.96	11.82	13.16	12.39
	修复后	9.75	9.69	9.02	9.97	9.56

从图 5-50、图 5-51 可见，运行 1 年左右因长期搁置导致的退运电池经修复后，性能可基本恢复至新电池状态，对因长期搁置导致的失效电池修复效果明显。

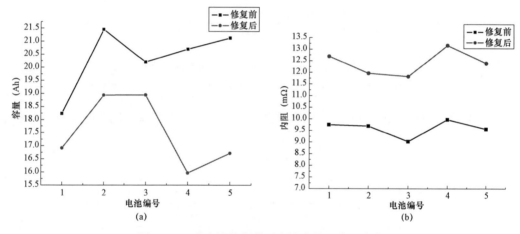

图 5-50　蓄电池修复前后电池容量、内阻变化

（a）蓄电池修复前电池容量、内阻变化；（b）蓄电池修复后电池容量、内阻变化

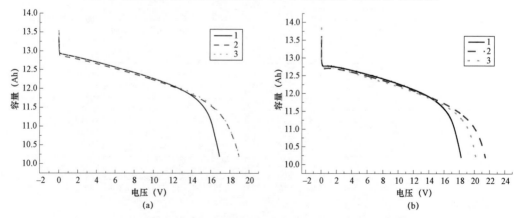

图 5-51　12V 铅酸蓄电池修复前后放电曲线

（a）12V 铅酸蓄电池修复前放电曲线；（b）12V 铅酸蓄电池修复后放电曲线

5.5.3 小结

（1）建立了基于电气量、历史运行数据、电池外特性的多维度健康状态评价方法。

（2）研制了基于纳米技术的铅酸蓄电池活化剂配方，申请发明专利《一种铅酸蓄电池修复剂及其制备方法》，专利受理号：201410030290.4。

（3）开发了针对电池健康状态的精准修复方法，同其他不同修复方法比较，修复更具针对性，修复效率高；成本、能耗较低，速度快；不引入其他金属元素，对电池损伤小。申请发明专利《一种变电站退运铅酸蓄电池性能复原方法》，专利受理号：201510229613.7[126]。

（4）通过对某变电站退运铅酸蓄电池的修复结果表明，该修复方法修复后铅酸蓄电池内阻不大于初始值的 1.5 倍，实际容量不低于标称容量的 90%，电池使用寿命延长 30% 以上，达到了项目研究的预期指标。

5.6 失效蓄电池修复导则

为切实有效的指导变电站相关工作人员进行电池的修复工作，规范电池修复的操作与相关工作，特制定《失效铅酸蓄电池修复导则》[72–77]。

6

修复铅酸蓄电池再利用

6.1 复原电池重组再利用技术

众所周知，在铅酸蓄电池的实际使用过程中，通常是众多单体电池组成电池组来使用。配组的好坏直接影响电池的一致性，进而影响电池的使用寿命。根据 DL/T 637—1997《阀控式密封铅酸蓄电池订货技术条件》规定，新电池在配组时要选取同一型号、同一厂家、同一批次，开路电压最大最小电压差值小于 30mV，浮充电压差值小于 50mV，内阻偏差值小于 10%的电池进行配组使用，通过这样的配组标准来实现对电池一致性的控制。

而对于退运后的再利用电池，按新电池标准配组是不切实际的。一组退运电池剔除异常后，因总数不足重组再利用时必然要与其他组退运电池组合，这就很难保证同一厂家、同一批次等条件，压差、阻差也很难按新电池配组标准执行。此外，因再利用的电池经过长期使用，内部结构发生改变，使用过程劣化情况较新电池严重，因单体电池一致性影响整组使用较新电池多。故我们在保证电池使用安全、稳定的前提下，针对复原电池提出新的动态重组再利用方案。

新的重组再利用按如下方案进行，方案流程见图 6-1：

（1）对多个不同变电站电池退运收集；

（2）通过初步检测分选出可修复利用的电池；

（3）对可修复电池进行多维度的健康状态评价；

（4）根据电池劣化状态制定修复方法；

（5）按不同评级对电池采用不同方法进行精准修复；

（6）结合电池历史数据制定新的重组标准；

（7）在全部修复后的电池中按配组标准筛选出待配组电池；

（8）将多个变电站选出的电池进行配组再利用；

（9）对电池再利用过程出现的部分劣化电池，根据同组正常电池参数，利用筛选出的待配组电池进行动态替换，以此保证整个电池组的一致性。

在复原电池重组再利用时，充分考虑到电池来源的多样性，与旧电池性能的可测性，制定新的重组标准时重点在以下几个方面进行控制：① 同一厂家的电池；② 同一型号的电池；③ 使用年限在 3 年之内；④ 开路电压最大最小电压差值小于 30mV；⑤ 内阻偏差值小于 35%。

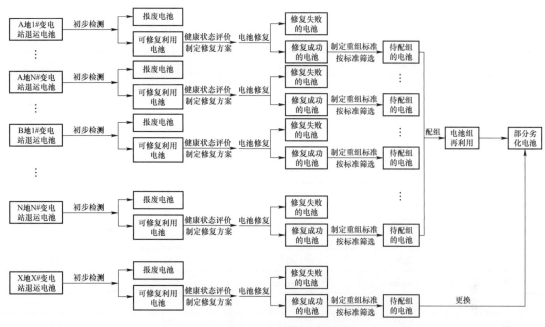

图 6-1　复原电池动态重组再利用方案

按照以上再利用重组方案，我们从省内 16 个地市的 37 个变电站筛选出 8 组电池进行重组再利用，经过精准修复后，修复成功的电池共计 654 支，按新的重组配组要求筛选出符合要求的电池 104 只组成电池组并在某地葵花变电站成功应用，配组电池基本信息见表 6-1。

表6-1			配 组 电 池 基 本 信 息		
电池厂家	某品牌3	电池型号	GFM-200Ah	使用年限	3~5年
电池序号	开路电压（V）	压差值（mV）	内阻值（mΩ）		阻差值（%）
1	2.261	-1.5	0.48		6.8
2	2.256	-6.5	0.48		6.8
3	2.266	3.5	0.49		4.9
4	2.259	-3.5	0.49		4.9
5	2.25	-12.5	0.47		8.7
6	2.265	2.5	0.54		4.9
7	2.262	-0.5	0.55		6.8
8	2.26	-2.5	0.51		1.0
9	2.261	-1.5	0.55		6.8
10	2.26	-2.5	0.52		1.0
11	2.264	1.5	0.5		2.9
12	2.272	9.5	0.54		4.9
13	2.249	-13.5	0.49		4.9
14	2.251	-11.5	0.5		2.9
15	2.256	-6.5	0.5		2.9

续表

电池序号	开路电压（V）	压差值（mV）	内阻值（mΩ）	阻差值（%）
16	2.254	−8.5	0.54	4.9
17	2.261	−1.5	0.48	6.8
18	2.255	−7.5	0.47	8.7
19	2.25	−12.5	0.52	1.0
20	2.263	0.5	0.52	1.0
21	2.255	−7.5	0.5	2.9
22	2.258	−4.5	0.5	2.9
23	2.262	−0.5	0.51	1.0
24	2.254	−8.5	0.56	8.7
25	2.26	−2.5	0.53	2.9
26	2.262	−0.5	0.53	2.9
27	2.264	1.5	0.56	8.7
28	2.262	−0.5	0.53	2.9
29	2.253	−9.5	0.49	4.9
30	2.264	1.5	0.48	6.8
31	2.267	4.5	0.51	1.0
32	2.268	5.5	0.5	2.9
33	2.269	6.5	0.54	4.9
34	2.271	8.5	0.58	12.6
35	2.261	−1.5	0.46	10.7
36	2.257	−5.5	0.64	24.3
37	2.257	−5.5	0.48	6.8
38	2.25	−12.5	0.53	2.9
39	2.257	−5.5	0.47	8.7
40	2.25	−12.5	0.49	4.9
41	2.263	0.5	0.48	6.8
42	2.267	4.5	0.52	1.0
43	2.261	−1.5	0.47	8.7
44	2.265	2.5	0.49	4.9
45	2.265	2.5	0.48	6.8
46	2.262	−0.5	0.47	8.7
47	2.256	−6.5	0.49	4.9
48	2.254	−8.5	0.49	4.9
49	2.278	15.5	0.54	4.9
50	2.262	−0.5	0.48	6.8

电池序号	开路电压（V）	压差值（mV）	内阻值（mΩ）	阻差值（%）
51	2.266	3.5	0.53	2.9
52	2.271	8.5	0.49	4.9
53	2.264	1.5	0.52	1.0
54	2.261	−1.5	0.49	4.9
55	2.256	−6.5	0.49	4.9
56	2.262	−0.5	0.52	1.0
57	2.264	1.5	0.52	1.0
58	2.262	−0.5	0.54	4.9
59	2.271	8.5	0.52	1.0
60	2.268	5.5	0.53	2.9
61	2.261	−1.5	0.51	1.0
62	2.253	−9.5	0.48	6.8
63	2.261	−1.5	0.49	4.9
64	2.26	−2.5	0.67	30.1
65	2.274	11.5	0.56	8.7
66	2.267	4.5	0.54	4.9
67	2.26	−2.5	0.48	6.8
68	2.25	−12.5	0.48	6.8
69	2.259	−3.5	0.5	2.9
70	2.264	1.5	0.48	6.8
71	2.258	−4.5	0.47	8.7
72	2.257	−5.5	0.48	6.8
73	2.263	0.5	0.48	6.8
74	2.266	3.5	0.49	4.9
75	2.264	1.5	0.51	1.0
76	2.257	−5.5	0.47	8.7
77	2.247	−15.5	0.48	6.8
78	2.249	−13.5	0.47	8.7
79	2.263	0.5	0.49	4.9
80	2.257	−5.5	0.54	4.9
81	2.257	−5.5	0.51	1.0
82	2.258	−4.5	0.51	1.0
83	2.257	−5.5	0.5	2.9
84	2.254	−8.5	0.49	4.9

续表

电池序号	开路电压（V）	压差值（mV）	内阻值（mΩ）	阻差值（%）
85	2.255	−7.5	0.54	4.9
86	2.255	−7.5	0.53	2.9
87	2.26	−2.5	0.49	4.9
88	2.255	−7.5	0.5	2.9
89	2.252	−10.5	0.51	1.0
90	2.277	14.5	0.54	4.9
91	2.254	−8.5	0.51	1.0
92	2.264	1.5	0.52	1.0
93	2.264	1.5	0.52	1.0
94	2.25	−12.5	0.48	6.8
95	2.255	−7.5	0.51	1.0
96	2.253	−9.5	0.51	1.0
97	2.256	−6.5	0.5	2.9
98	2.276	13.5	0.55	6.8
99	2.256	−6.5	0.52	1.0
100	2.253	−9.5	0.51	1.0
101	2.27	7.5	0.51	1.0
102	2.264	1.5	0.55	6.8
103	2.27	7.5	0.51	1.0
104	2.273	10.5	0.5	2.9

6.2　复原电池再利用验证

应国网某地供电公司于委托，对一组变电站退运铅酸蓄电池用课题组开发的复原技术进行修复，并将修复后的电池再次应用于变电站。

该电池组于 2007 年 9 月 20 日在某地市变电站投入使用，2012 年 6 月 30 日退运，运行年限为 5 年。由 104 支型号为 GMF−200 阀控式铅酸蓄电池串联组成，电压等级为 DC 220V，电池额定容量 200Ah，出厂时内阻为 0.48mΩ。退运时，电池平均容量为 149.5Ah，不足额定容量的 75%，平均开路电压为 2.24V，平均内阻为 0.95mΩ，约为初始值的 2 倍。

课题组于 2014 年 1 月 20 日～2014 年 2 月 25 日对该组退运铅酸电池进行了修复。修复结果如下：

修复后，蓄电池的平均容量为 191.7Ah，达到额定容量的 95% 以上，平均开路电压为 2.26V，平均内阻为 0.52mΩ，为初始值的 1.08 倍。相关修复数据及结果见表 6−2 和图 6−2。

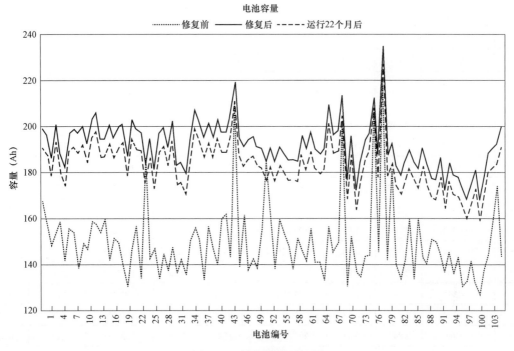

图6-2　修复数据对比图

表6-2　　　　　　　　　　　　　修复前、后电池性能测试

序号	修复前			修复后			运行 22 个月后		
	容量	OCV	内阻	容量	OCV	内阻	容量	OCV	内阻
1	167.381	2.257	0.85	199.060	2.261	0.48	190.753	2.244	0.52
2	158.712	2.270	1.01	196.277	2.256	0.48	187.984	2.253	0.52
3	148.425	2.269	0.87	186.942	2.266	0.49	178.636	2.250	0.53
4	155.066	2.252	0.89	201.156	2.259	0.49	192.862	2.255	0.53
5	158.460	2.235	0.88	188.238	2.250	0.47	179.937	2.239	0.51
6	141.469	2.256	0.87	182.633	2.265	0.54	174.334	2.256	0.58
7	155.141	2.245	1.11	197.065	2.262	0.55	188.763	2.250	0.59
8	154.185	2.244	0.91	199.076	2.260	0.51	190.778	2.252	0.55
9	138.706	2.240	0.88	196.976	2.261	0.55	188.672	2.247	0.59
10	148.927	2.247	0.91	199.921	2.260	0.52	191.625	2.254	0.56
11	146.778	2.253	0.90	192.566	2.264	0.50	184.263	2.251	0.54
12	158.637	2.244	0.87	203.560	2.272	0.54	195.263	2.265	0.58
13	157.504	2.233	0.94	206.032	2.249	0.49	197.725	2.232	0.53
14	153.787	2.236	1.25	194.803	2.251	0.50	186.510	2.248	0.54
15	159.853	2.235	0.92	194.943	2.256	0.50	186.637	2.240	0.54
16	141.877	2.242	0.91	200.594	2.254	0.54	192.300	2.250	0.58
17	151.174	2.235	0.84	194.911	2.261	0.48	186.610	2.250	0.52

序号	修复前			修复后			运行 22 个月后		
	容量	OCV	内阻	容量	OCV	内阻	容量	OCV	内阻
18	149.974	2.239	0.91	199.745	2.255	0.47	191.446	2.246	0.51
19	139.475	2.243	1.37	201.308	2.250	0.52	193.006	2.238	0.56
20	130.236	2.239	1.09	187.058	2.263	0.52	178.760	2.255	0.56
21	146.189	2.249	0.98	202.712	2.255	0.50	194.408	2.241	0.54
22	156.770	2.236	0.90	198.817	2.258	0.50	190.521	2.252	0.54
23	134.249	2.235	0.91	197.564	2.262	0.51	189.261	2.249	0.55
24	186.622	2.235	1.08	183.775	2.254	0.56	175.478	2.247	0.60
25	142.950	2.244	1.02	194.528	2.260	0.53	186.221	2.243	0.57
26	146.507	2.239	0.90	181.438	2.262	0.53	173.145	2.259	0.57
27	134.269	2.240	0.99	197.065	2.264	0.56	188.759	2.248	0.60
28	144.345	2.243	1.01	199.685	2.262	0.53	191.391	2.258	0.57
29	137.272	2.244	0.91	191.147	2.253	0.49	182.846	2.242	0.53
30	147.240	2.242	0.85	202.287	2.264	0.48	193.988	2.255	0.52
31	136.443	2.249	1.17	183.257	2.267	0.51	174.955	2.255	0.55
32	141.916	2.258	1.02	184.188	2.268	0.50	175.890	2.260	0.54
33	135.870	2.262	0.99	179.003	2.269	0.54	170.699	2.255	0.58
34	150.422	2.249	0.99	194.793	2.271	0.88	186.497	2.265	0.92
35	155.940	2.247	0.93	207.335	2.261	0.46	199.032	2.248	0.50
36	150.365	2.256	0.97	202.852	2.257	0.74	194.555	2.250	0.78
37	133.237	2.237	0.96	194.908	2.257	0.48	186.601	2.240	0.52
38	156.430	2.236	0.95	201.070	2.250	0.53	192.777	2.247	0.57
39	146.787	2.238	0.83	194.718	2.257	0.47	186.412	2.241	0.51
40	140.022	2.259	0.94	203.213	2.250	0.49	194.919	2.246	0.53
41	159.949	2.249	0.95	197.100	2.263	0.48	188.799	2.252	0.52
42	161.921	2.245	1.03	197.080	2.267	0.52	188.781	2.258	0.56
43	143.236	2.257	0.88	203.785	2.261	0.47	195.483	2.249	0.51
44	208.059	2.246	0.95	219.310	2.265	0.49	211.012	2.257	0.53
45	139.200	2.237	0.89	195.401	2.265	0.48	187.097	2.251	0.52
46	161.506	2.248	0.91	190.861	2.262	0.47	182.565	2.256	0.51
47	137.549	2.257	0.93	194.256	2.256	0.49	185.953	2.243	0.53
48	142.291	2.245	0.91	195.457	2.254	0.49	187.160	2.247	0.53
49	138.707	2.236	0.94	191.433	2.278	0.54	183.126	2.261	0.58
50	155.439	2.240	0.96	190.515	2.262	0.48	182.222	2.259	0.52
51	185.006	2.237	0.91	185.064	2.266	0.53	176.758	2.250	0.57
52	160.180	2.241	0.99	190.613	2.271	0.49	182.319	2.267	0.53

续表

序号	修复前			修复后			运行 22 个月后		
	容量	OCV	内阻	容量	OCV	内阻	容量	OCV	内阻
53	138.073	2.24	0.93	184.928	2.264	0.52	176.627	2.253	0.56
54	159.419	2.241	0.89	191.232	2.261	0.49	182.933	2.252	0.53
55	154.062	2.241	0.97	188.386	2.256	0.49	180.084	2.244	0.53
56	147.802	2.239	0.89	184.987	2.262	0.52	176.689	2.254	0.56
57	138.073	2.246	1.00	185.341	2.264	0.52	177.037	2.250	0.56
58	151.272	2.244	0.98	184.685	2.262	0.54	176.389	2.256	0.58
59	146.941	2.237	0.88	195.908	2.271	0.52	187.605	2.258	0.56
60	141.571	2.233	0.98	189.766	2.268	0.53	181.469	2.261	0.57
61	155.541	2.246	0.98	197.524	2.261	0.51	189.217	2.244	0.55
62	141.242	2.234	0.93	190.236	2.253	0.48	181.943	2.250	0.52
63	141.187	2.248	1.03	187.923	2.261	0.49	179.617	2.245	0.53
64	133.426	2.237	0.88	189.750	2.260	0.67	181.456	2.256	0.71
65	156.315	2.247	0.91	209.855	2.274	0.56	201.554	2.263	0.60
66	145.681	2.246	0.89	196.729	2.267	0.54	188.430	2.258	0.58
67	149.336	2.252	1.01	197.757	2.260	0.48	189.455	2.248	0.52
68	200.811	2.247	1.06	213.470	2.250	0.48	205.172	2.242	0.52
69	130.769	2.235	0.91	176.900	2.259	0.50	168.596	2.245	0.54
70	151.862	2.248	0.94	195.846	2.264	0.48	187.550	2.258	0.52
71	137.243	2.232	0.90	171.947	2.258	0.47	163.644	2.245	0.51
72	134.772	2.258	1.04	184.168	2.257	0.48	175.871	2.250	0.52
73	143.363	2.255	0.98	193.815	2.263	0.48	185.508	2.246	0.52
74	144.030	2.240	0.90	197.084	2.266	0.49	188.791	2.263	0.53
75	207.835	2.231	0.99	212.554	2.264	0.51	204.248	2.248	0.55
76	145.694	2.230	0.88	186.679	2.257	0.47	178.385	2.253	0.51
77	221.511	2.257	0.93	235.000	2.247	0.48	226.699	2.236	0.52
78	142.344	2.238	0.89	187.404	2.249	0.47	179.105	2.240	0.51
79	181.197	2.250	0.90	192.207	2.263	0.49	183.905	2.251	0.53
80	140.081	2.231	0.95	182.884	2.257	0.54	174.586	2.249	0.58
81	133.818	2.257	0.94	178.622	2.257	0.51	170.318	2.243	0.55
82	141.922	2.241	0.90	183.852	2.258	0.51	175.556	2.252	0.55
83	159.215	2.247	0.86	189.961	2.257	0.50	181.658	2.244	0.54
84	133.742	2.232	0.97	184.769	2.254	0.49	176.472	2.247	0.53
85	160.252	2.260	0.97	181.478	2.255	0.74	173.171	2.238	0.78
86	143.496	2.240	0.99	190.697	2.255	0.53	182.404	2.252	0.57
87	140.616	2.249	0.94	183.612	2.260	0.49	175.306	2.244	0.53
88	151.118	2.244	0.87	177.652	2.255	0.50	169.358	2.251	0.54
89	149.790	2.258	0.98	176.873	2.252	0.51	168.572	2.241	0.55

续表

序号	修复前			修复后			运行 22 个月后		
	容量	OCV	内阻	容量	OCV	内阻	容量	OCV	内阻
90	144.734	2.232	0.89	186.008	2.277	0.54	177.709	2.268	0.58
91	136.632	2.250	0.84	172.601	2.254	0.51	164.299	2.242	0.55
92	145.306	2.261	0.94	184.172	2.264	0.52	175.874	2.256	0.56
93	135.921	2.257	1.02	179.032	2.264	0.52	170.728	2.250	0.56
94	142.979	2.234	0.93	177.808	2.250	0.48	169.512	2.244	0.52
95	130.812	2.236	0.97	173.994	2.255	0.51	165.691	2.242	0.55
96	132.570	2.252	0.94	167.942	2.253	0.51	159.645	2.246	0.55
97	141.563	2.247	0.92	174.715	2.256	0.50	166.408	2.239	0.54
98	131.801	2.236	0.90	180.981	2.276	0.55	172.688	2.273	0.59
99	126.946	2.247	0.91	167.911	2.256	0.52	159.605	2.240	0.56
100	137.382	2.231	0.98	177.529	2.253	0.51	169.235	2.249	0.55
101	144.808	2.248	1.13	188.638	2.270	0.51	180.337	2.259	0.55
102	156.860	2.251	0.89	190.530	2.264	0.55	182.231	2.255	0.59
103	173.895	2.244	0.86	192.207	2.270	0.51	183.905	2.258	0.55
104	143.563	2.252	0.98	199.543	2.273	0.50	191.245	2.265	0.54

修复后的铅酸蓄电池于 2014 年 3 月 20 日在某地市变电站正式投入使用，运行情况良好，截至 2015 年 12 月 31 日，修复后运行时间为 22 个月，修复后使用寿命已延长 38%。蓄电池的容量平均值为 183.4Ah，在额定容量的 91%以上，平均开路电压为 2.25V，平均内阻为 0.57mΩ，为初始值的 1.2 倍。

该修复后的电池组预计剩余无故障运行时间为 3 年以上，修复后总的运行寿命预计可达到 5 年，即该组退运变电站铅酸蓄电池修复后使用寿命预计可延长 100%。

6.3 复原电池在其他领域的应用

铅酸蓄电池细分市场竞争激烈，所以规模优势成为关键。目前，国内铅酸蓄电池市场越来越较为集中，随着居民对电池性能要求不断上升、国家对于环保的日益重视以及行业进入门槛的不断抬高，行业内具有规模优势的企业获得了更多的发展机会，并可通过扩产以及并购方式进一步扩大规模，行业集中度进一步得到提高。同时，由于上游原材料铅受环保政策影响，近年来价格出现大幅上涨，铅酸蓄电池价格也随之上涨。这时，复原电池的价值优势逐渐体现出来。

复原电池可进行梯次利用开发，电池梯次利用延长了电池的全寿命周期，具有良好的社会效益和经济效益。可用于储能系统开发、通信基站、启停电源等[127,128]。

退役电池可整组应用于通信基站应急供电储能系统[129]，通过电源转换系统可根据需要输出直流 48V 电压、交流三相 400V/50Hz 电压，极大地满足基站应急供电的需要。还可应用于家庭储能系统、电动摩托车电池组、基于直流电源的农田灌溉系统、便携式直流电源系统、变电站及智能电网用 UPS 电源等。

参 考 文 献

[1] 郭炳鲲，李新海，杨松青. 化学电源－电池原理及制造技术 [M]. 长沙：中南大学出版社，2000.

[2] 史鹏飞. 化学电源工艺学 [M]. 哈尔滨：哈尔滨工业大学出版社，2006.

[3] 程新群. 化学电源 [M]. 北京：化学工业出版社，2008.

[4] 柴树松. 铅酸蓄电池制造技术 [M]. 北京：机械工业出版社，2013.

[5] 陈红雨，熊正林，李中奇. 先进铅酸蓄电池制造工艺 [M]. 北京：化学工业出版社，2009.

[6] 胡信国. 动力电池技术与应用 [M]. 北京：化学工业出版社，2009.

[7] 王许成. 铅酸蓄电池正极板栅合金耐腐蚀性能研究 [D]. 哈尔滨：哈尔滨工业大学，2016.

[8] 朱新锋，杨丹妮，胡红云，等. 废铅酸蓄电池铅膏性质分析 [J]. 环境工程学报. 2012，06（09）：3259 - 3262.

[9] 赵海敏，张天任，吴众非，赵瑞瑞. 铅酸蓄电池用隔板研究现状与前景分析 [J]. 蓄电池，2018，55（03）：135 - 139.

[10] 张红润，李军鸿. 铅酸蓄电池电解液添加剂研究概况 [J]. 机电产品开发与创新，2011，24（6）：32 - 34.

[11] 姚秋实，张丽芳，等. 电解液添加剂对铅酸蓄电池性能的影响 [J]. 蓄电池，2017，54（05）：211 - 216.

[12] 许新竹. 铅酸蓄电池内阻测量方法的研究 [D]. 哈尔滨：哈尔滨工业大学，2017.

[13] 钟国彬，苏伟，王超，陈冬. 铅酸蓄电池寿命评估及延寿技术 [M]. 北京：中国电力出版社，2018.

[14] 成建生. 提高铅酸蓄电池寿命方法的研究 [J]. 电源技术，2011，35（01）：71 - 74.

[15] 文静. 废旧铅酸蓄电池清洁拆解工艺的分析 [J]. 世界有色金属，2018（5）：202 - 204.

[16] 陈泽熙. 浅析铅酸蓄电池行业节能减排途径和工艺改进 [J]. 科技经济导刊，2017（25）：108.

[17] 赵天顺. 铅酸蓄电池技术的发展研究 [J]. 2016（11）：20.

[18] Titiporn Tantichanakul, Orawon Chailapakul, Nisit Tantavichet. Gelled electrolytes for use in absorptive glass mat valve-regulated lead-acid（AGM VRLA）batteries working under 100% depth of discharge conditions [J]. Journal of Power Sources. 2011（20）：8764 - 8772.

[19] Titiporn Tantichanakul, Orawon Chailapakul, Nisit Tantavichet. Influence of fumed silica and additives on the gel formation and performance of gel valve-regulated lead-acid batteries [J]. Journal of Industrial and Engineering Chemistry. 2013（6）：2085 - 2091.

[20] 王夺，董相廷，吴耀明，等. 超级电池的设计及研究进展 [J]. 化学工程与技术，2012（2）：7 - 12.

[21] Cooper A, Furakawa J, Lam L, et al. The ultrabattery-A new battery design for a new beginning in hybrid electric vehicle energy storage [J]. Journal of Power Sources, 2009, 188（2）：642 - 649.

[22] 范娜，孔德龙，汤海朋. 纯铅电池发展现状及性能研究 [J]. 电池工业，2016，20（01）：23 - 29.

[23] 戴实诚. 浅谈卷绕式铅酸蓄电池 [J]. 汽车实用技术，2018（05）：48 - 50.

[24] 仝鹏阳，赵瑞瑞，等. 铅炭电池的研究进展 [J]. 蓄电池，2015，52（05）：241 - 246.

[25] 王红梅，刘茜，王菲菲，钱岩. 中国铅酸蓄电池回收处理现状及管理布局研究 [J]. 环境科学与管理，2012（1）：51 - 54.

[26] 王学健，沈海泉．废铅酸蓄电池回收技术现状及发展趋势 [J]．科技创新与应用，2015（09）：4－6.

[27] Pavlov D．铅酸蓄电池科学与技术 [M]．北京：机械工业出版社，2015.

[28] 朱松然主编．铅蓄电池技术 [M]．北京：机械工业出版社，2002

[29] 陈清泉，孙逢春，祝嘉光．现代电动汽车技术 [M]．北京：北京理工大学出版社，2002.

[30] 付培良，李长雷，黄娟英．浅谈通信用铅酸蓄电池未来发展趋势 [J]．蓄电池，2019，1（3）：
106－109＋142.

[31] 王震坡，孟祥峰．电动汽车动力电池成组应用现状及研究趋势 [J]．新材料产业，2007（8）：37－39.

[32] 金国栋，黄禹，吴晓明．阀控式铅酸电池在电动车发展中的地位 [J]．电池，2000，30（3）：134－136.

[33] 李海军．电动汽车电池管理系统的研究 [D]．淄博：山东理工大学，2008.

[34] 桂长清．胶体密封铅蓄电池：风能和太阳能的储能装置 [J]．电器工业，2007（9）：31－34.

[35] 白忠敏．电力工程直流系统设计手册 [M]．北京：中国电力出版社，1998.

[36] 唐群主编．直流电源设备 [M]．中国电力出版社，1998：143－165.

[37] 赵宝良．浅析直流电源系统运行情况 [J]．电源技术应用，2007，98（4）：80－81.

[38] 徐海明，王全胜．变电站直流电源设备使用与维护 [M]．北京：中国电力出版社，2007.

[39] 骆志勇．直流操作电源系统及应用 [J]．都市快轨交通，2005，18（5）：72－75.

[40] 马振良主编．变电运行 [M]．中国电力出版社，2008：136－140.

[41] 国家电网公司生产部．直流电源系统管理制度宣贯培训读本 [M]．北京：中国电力出版社，2006.

[42] 潘泽秋．阀控式密封铅酸蓄电池故障分析与维护 [J]．电气时代，2019（07）：66－67＋69.

[43] 孙成．阀控铅酸电池的热失控及其对策 [J]．蓄电池，2003，40（3）：134－136.

[44] 崔建国，宁永香．深度探讨铅酸蓄电池的工作原理及维护技术 [J]．山西电子技术，2018，201（06）：
75－78.

[45] 姜俊斐．铅酸蓄电池的工作原理与维护方法 [J]．科技视界，2014（29）：108－109.

[46] 黄南，郑长玖．浅述阀控式铅酸蓄电池的运行与维护 [J]．电子制作，2014（07）：228－229.

[47] 张冰．变电站智能直流电源系统故障分析与应用维护 [J]．机电信息，2011（24）：40－41.

[48] DL/T 724—2000 电力系统用蓄电池直流电源装置运行与维护技术规程 [S].

[49] T/CEC 131.2—2016 铅酸蓄电池二次利用　第 2 部分：电池评价分级及成组技术规范 [S].

[50] 王锋超，赵光金，唐国鹏．退运铅酸蓄电池性能及修复技术研究 [J]．电源技术，2018，42（2）：
251－254.

[51] 张波．铅酸电池失效模式与修复的电化学研究 [D]．上海：华东理工大学，2011.

[52] 周志敏，纪爱华．铅酸蓄电池修复与回收技术 [M]．北京：人民邮电出版社，2010：66－72.

[53] 郑舒，贾丰春．铅酸蓄电池存在的问题及其解决办法 [J]．电源技术，2013，37（7）：1271－1274.

[54] 段万普．蓄电池使用和维护 [M]．北京：化学工业出版社，2018.

[55] 李冠华．阀控铅酸蓄电池过早失效的原因与维护分析 [J]．现代盐化工，2016，43（05）：28－29.

[56] 徐剑．阀控式铅酸蓄电池提前失效的要因分析及预防措施 [J]．甘肃科技，29（24）：46－49.

[57] 王芳，司志泽．铅酸蓄电池使用时容量的影响因素与分析 [J]．轻工标准与质量，2019（03）：98－100.

[58] 包有富，尹鸽平，阎智刚，等．深循环用铅酸蓄电池充电模式的探索 [J]．电池，2002（1）：30－31.

[59] 韦穗林，廖旭升，彭情．具有容量修复作用的铅酸蓄电池脉冲充电技术 [J]．电源技术，2019，43（03）：
498－499＋514.

[60] 李建黎. 铅酸蓄电池充电技术综述 [J]. 蓄电池, 2010, 47（3）: 132-135+139

[61] GB/T 19638.1—2014 固定型阀控式铅酸蓄电池 第1部分: 技术条件 [S].

[62] 胡艳萍. 阀控密封铅酸蓄电池在运维中应注意的问题 [J]. 云南电业, 2008 (7): 42-43.

[63] 纪哲夫, 谢欢欢, 罗文杰. 铅酸蓄电池的二次利用 [J]. 储能科学与技术, 2017, 6（02）: 250-254.

[64] 曾洁, 孙佳佳, 张红伟. 铅酸蓄电池硫化修复系统的设计 [J]. 化工自动化及仪表, 2013, 41（1）: 57-60.

[65] 王秋虹, 李龙, 金莉萍, 等. 脉冲充电对铅酸蓄电池硫酸盐化的影响[J]. 电源技术, 2002(5): 336-338.

[66] 陈红雨. 先进铅酸蓄电池制造工艺 [M]. 北京: 化学工业出版社, 2010.

[67] 曾燕真. 阀控铅酸蓄电池内化成极板浸酸过程反应机理研究 [D]. 福州: 福州大学, 2015.

[68] 林雪平, 郭永榔. 贫液式铅酸蓄电池负极极耳和汇流排腐蚀机理研究 [J]. 蓄电池, 2008（01）: 3-8.

[69] Paul Ruetschi. Aging mechanisms and service life of lead-acid batteries [J]. Journal of Power Sources, 2004, 127: 33-44.

[70] 张华, 赵金珠, 童一波. VRLA 电池 NGBC 现象及其机理 [J]. 电池, 2001, 31（6）: 284-286.

[71] 余伟华. 铅酸蓄电池电极铸焊工艺研究 [D]. 上海: 上海交通大学, 2008.

[72] 杨雪斌, 朱诚. 极群铸焊过程中的几个重要工艺环节 [J]. 蓄电池, 1996, 1: 29-31.

[73] GB/T 2900.41—2008 电工术语 原电池和蓄电池 [S].

[74] GB 13337.1—1991 固定型防酸式铅酸蓄电池 技术条件 [S].

[75] DL/T 637—1997 阀控式密封铅酸蓄电池订货技术条件 [S].

[76] GB/T 19826—2014 电力工程直流电源设备通用技术条件及安全要求 [S].

[77] Q/GDW 606—2011 变电站直流系统状态检修导则 [S].

[78] Q/GDW 168—2008 输变电设备状态检修试验规程 [S].

[79] 王铭祥. 阀控密封铅酸蓄电池的失水、热失控故障原因分析及解决措施 [A]. 2012 年中国通信能源会议论文集 [C]. 2012.

[80] 赵志荣. 浅谈阀控式铅酸蓄电池的失水原因以及防治方法 [J]. 数字通信世界, 2018, 162（06）: 99-101.

[81] 田腾飞, 袁源, 黄杨峻. UPS 阀控式密封铅酸蓄电池失水故障探讨 [J]. 电子制作, 2017 (z1): 49-50.

[82] 董权. 影响铅酸蓄电池寿命的几个因素及对策 [J]. 蓄电池, 2010, 47（5）: 236-238.

[83] 杨爱民. 铅酸蓄电池的失效模式及其修复方法 [J]. 电动自行车, 2009 (7): 44-47.

[84] 吴春江. 电动助力车用铅酸蓄电池智能充电技术及应用 [D]. 哈尔滨: 哈尔滨工业大学, 2016.

[85] 张红伟. 铅酸蓄电池的修复与检测管理技术的研究 [D]. 大连: 大连交通大学, 2013.

[86] 谢欢欢, 王炼, 纪哲夫. 浅谈铅酸蓄电池修复液修复法的效果 [J]. 通信电源技术, 2017, 34（03）: 156-158.

[87] 唐国鹏, 赵光金, 吴文龙. 铅酸蓄电池修复技术进展 [J]. 电源技术, 2016, 40（7）: 1526-1528.

[88] 李显忠, 刘泽泉. 铅酸蓄电池的硫化与去硫化技术 [J]. 科技创业月刊, 2015, 28（12）: 107-109.

[89] 王伟波. 浅谈通信用蓄电池失效原因分析及修复技术 [J]. 广东通信技术, 2009, 29（7）: 73-77.

[90] 范红军, 王春健, 张晓杰, 等. 铅蓄电池的修复及回收再利用研究 [J]. 电池工业, 2011, 16（4）: 250-252.

[91] 唐国鹏, 赵光金, 吴文龙. 铅酸蓄电池修复技术进展 [J]. 电源技术, 2016, 40（7）: 1526-1528.

［92］ 谢欢欢，王炼，纪哲夫. 浅谈铅酸蓄电池修复液修复法的效果 ［J］. 通信电源技术，2017，34（03）：156-158.

［93］ 白云光. 铅酸蓄电池脉冲快速充电过程优化及硫化故障的研究 ［D］. 辽宁：东北大学，2014.

［94］ 钟国彬，刘石，王超，等. 蓄电池修复再生技术效果验证及机理研究 ［J］. 广东电力，2017，30（09）：86-90.

［95］ 王润琪，周永军，欧阳益锋. 铅酸蓄电池复合脉冲活化原理及电路设计 ［J］. 中南林业科技大学学报，2009，29（6）：136-140.

［96］ 周志敏，周继海，纪爱华. 阀控式密封铅酸蓄电池实用技术 ［M］. 北京：中国电力出版社，2004.

［97］ Woodron W. Cell Technology's Advantages in VRLA Lift Truck Batteries［J］. The Battery Man，2000（2）：34-38.

［98］ 苏旭，熊云慷，杨静超，等. 变电站落后蓄电池状态修复的可行性分析 ［J］. 通讯世界，2018，340（09）：131-132.

［99］ 谢刚. 熔融盐理论与应用 ［M］. 北京：冶金工业出版社，1998.

［100］ 谷雨星，杨娟，汪的华. CO_2熔盐电化学转化碳材料的电化学特性 ［J］. 物理化学学报，2019，35（02）：208-214.

［101］ 吴红军，李志达，谷笛，等. 电化学转化二氧化碳制备碳纳米材料及表征 ［J］. 东北石油大学学报，2016，40（2）：85-89.

［102］ 谷雨星. CO_2转化碳材料的界面性质及环境应用研究 ［D］. 武汉：武汉大学，2018.

［103］ REN J W，LI F F，LAU J，et al. One-pot synthesis of carbon nanofibers from CO2 ［J］. Nano Letters，2015，15（9）：6142-6148.

［104］ DOUGLAS A，MURALIDHARAN N，CARTER R，et al. Sustainable capture and conversion of carbon dioxide into valuable mul-tiwalled carbon nanotubes using metal scrap materials ［J］. ACS Sustainable Chemistry&Engineering，2017，5（8）：7104-7110.

［105］ 李志达，李金莲，吴红军. 熔盐体系组成对二氧化碳电化学合成新型碳材料形貌 ［J］. 化工进展，2019，38（09）：4174-4182.

［106］ YIN H Y，MAO X H，TANG D Y，et al. Capture and electrochemical conversion of CO_2 to value-added carbon and oxygen by molten salt electrolysis ［J］. Energy&Environmental Science，2013，6（5）：1538-1545.

［107］ Kaplan B，Groult H，Barhoun A，et al. Synthesis and Structural Characterization of Carbon Powder by Electrolytic Reduction of Molten $Li_2CO_3 - Na_2CO_3 - K_2CO_3$ ［J］. Journal of The Electrochemical Society，2002，149（5）：D72.

［108］ 陶占良，陈军. 铅碳电池储能技术 ［J］. 储能科学与技术，2015，4（6）：546-555.

［109］ Pavlov D，Rogachev T，Nikolov P，et al. Mechanism of action of electrochemically active carbons on the processes that take place at the negative plates of lead-acid batteries ［J］. Journal of Power Sources，2009，191（1）：58-75.

［110］ 宋宇桥，朱华，赵光金，吴文龙，周寿斌，汪的华. CO_2资源化转化纳米碳材料对硫酸盐化铅盘电极的活化性能研究 ［J］. 电化学，2016，22（04）：425-432.

［111］ 李阳，汪的华，赵光金，吴文龙，朱华. 粉末微电极研究硫酸铅颗粒的电化学活性 ［J］. 武汉大学

学报（理学版），2015，61（3）：213－218.

[112] 赵瑞瑞，石光，任安福，等. 碳纳米管作为电解液添加剂对胶体蓄电池性能的影响［A］. 第二十八届全国化学与物理电源学术年会论文集［C］. 2009.

[113] 张永毅，谢宇海，冯智富，吴茂玲，方爱金，张亦弛. 一种用于锂离子电池正极材料的碳纳米管导电剂及其制备方法［P］. 中国：CN108365223A，2018－08－03.

[114] 张永毅，冯智富，谢宇海，等. 一种用于锂离子电池负极材料的碳纳米管导电剂浆料及其制备方法［P］. 中国：CN108461753A，2018－08－28.

[115] 汪的华，朱华，赵光金，朱丽娜. 一种铅酸蓄电池修复剂及其制备方法［P］. 中国：CN103700898A，2014－04－02.

[116] Lam L T，Ozgun H，Lim O V，et al. Pulsed-current charging of lead/acid batteries—A possible means for overcoming premature capacity loss［J］. Journal of Power Sources，1995，53（2）：215－228.

[117] Shi Y，Ferone C A，Rahn C D. Identification and remediation of sulfation in lead-acid batteries using cell voltage and pressure sensing［J］. Journal of Power Sources，2013，221：177－185.

[118] Cachet-Vivier C，Keddam M，Vivier V，et al. Development of cavity microelectrode devices and their uses in various research fields［J］. Journal of Electroanalytical Chemistry，2013，688：12－19.

[119] Cha C S，Li C M，Yang H X，et al. Powder microelectrodes［J］. Journal of Electroanalytical Chemistry，1994，368（1－2）：47－54.

[120] Cachet-Vivier C，Vivier V，Cha C S，et al. Electrochemistry of powder material studied by means of the cavity microelectrode（CME）［J］. Electrochimica Acta，2001，47（1－2）：181－189.

[121] Takehara Z I. Dissolution and precipitation reactions of lead sulfate in positive and negative electrodes in lead acid battery［J］. Journal of Power Sources，2000，85（1）：29－37.

[122] 曹锦珠，席树存，郭子绮，何鹏林. 锂离子电池加速循环新评估方法研究［J］. 安全与电磁兼容，2014（06）：32－36.

[123] 关婷. LiCoO$_2$/C 电池循环性能衰减规律及不同条件加速影响研究［D］. 哈尔滨：哈尔滨工业大学，2018.

[124] 阿伦. J. 巴德，拉里. R. 福克纳. 电化学方法原理和应用（第二版）［M］. 北京：化学工业出版社，2005.

[125] 王连邦，杨珍珍，康虎强，等. 锂离子电池的合金电极材料的失效研究［J］. 高等学校化学学报，2009，30（1）：140－143.

[126] 李强. 复合脉冲式铅酸蓄电池修复系统的研究［D］. 青岛大学，2012.

[127] 雷昳，王春芳，张永超. 高频谐振式铅酸蓄电池修复系统的研究［J］. 电力电子技术，2012（4）：29－31.

[128] 陈玉涛. 通信用蓄电池失效原因分析及修复技术研究［J］. 中国新技术新产品，2019（13）：58－59.

[129] 赵光金，吴文龙，王锋超，何睦，唐国鹏. 一种变电站退运铅酸蓄电池性能复原方法［P］. 中国：CN104953191A，2015－09－30.

[130] GB/T 2900.41—2008 电工术语 原电池和蓄电池［S］.

[131] GB 13337.1—1991 固定型防酸式铅酸蓄电池 技术条件［S］.

[132] DL/T 637—1997 阀控式密封铅酸蓄电池订货技术条件［S］.

［133］　GB/T 19826—2014 电力工程直流电源设备通用技术条件及安全要求［S］.

［134］　Q/GDW 606—2011 变电站直流系统状态检修导则［S］.

［135］　Q/GDW 168—2008 输变电设备状态检修试验规程［S］.

［136］　刘文德，朱瑞波，吴俊华. 梯次电池在通信基站储能系统的探索及应用［J］. 数字通信世界，2018，
162（06）：171 – 172.

［137］　甄文媛. 解密国内首个退役电池整包梯次利用储能项目［J］. 汽车纵横，2019（09）：43 – 45.

［138］　许乃强，田智会. 动力电池梯次利用于通信基站储能供电系统［J］. 通信电源技术，2017，34（05）：
154 – 155.

变电站退运铅酸蓄电池评价分级标准（节选）

Standard of Evaluation Classification of Lead-acid Batteries Retired from the Substation

目　　次

变电站退运铅酸蓄电池评价分级标准

1 适用范围

本标准规定了变电站退运铅酸蓄电池的评价分级要求，用于指导变电站退运铅酸蓄电池的修复、退运与管理处置工作。

本导则适用于变电站直流系统及通信系统退运或异常更换的失效铅酸蓄电池。

2 规范性引用文件

下列文件中的条款通过本标准的引用而成为本导则的条款。凡是注日期的引用文件，其随后所有的修改单（不包括勘误的内容）或修订版均不适用于本导则，然而，鼓励根据本导则达成协议的各方研究是否可使用这些文件的最新版本。凡是不注日期的引用文件，其最新版本适用于本导则。

GB/T 2900.41—2008　　　　电工术语　原电池和蓄电池

GB 13337.1—1991　　　　　固定型防酸式铅酸蓄电池　技术条件

DL/T 637—1997　　　　　　阀控式密封铅酸蓄电池订货技术条件

GB/T 19826—2014　　　　　电力工程直流电源设备通用技术条件及安全要求

Q/GDW 606—2011　　　　　变电站直流系统状态检修导则

Q/GDW 168—2008　　　　　输变电设备状态检修试验规程

国家电网生变电〔2010〕11号　　电力设备带电检测技术规范（试行）

3 术语和定义

3.1 浮充电　floating charge

充电装置的直流输出端始终并接着蓄电池和负载，以恒定充电方式工作。正常运行时充电装置在承担经常性负荷的同时向蓄电池补充充电，使蓄电池组以满足容量状态处于备用。

3.2 恒流放电　constant-current discharge

蓄电池在放电过程中，放电电流值始终恒定不变，直放到规定的终止电压为止。

3.3 额定容量　rated capacity

电池制造商标称认可的电池以恒流放电至截止电压的电量。

3.4 10小时率容量　10 hour capacity

指用恒流放电方式放电，10小时将蓄电池的单体电压放到规定截止电压所放出的电量。

4 退运铅酸蓄电池评价分级目的

主要是判断电池的可修复性及降级使用能力，为后续的报废或修复再利用提供依据。

5　电池评价分级标准

而电池修复主要针对的是硫酸盐化的电池。故对于物理性损坏，如短路、断路、极板软化、外形破裂、老化报废等不能修复的电池，要排除在外。

变电站蓄电池退运停止浮充充电 60 天内，按如下标准判定：

5.1　电池使用年限

根据电池生产批号显示：铅酸蓄电池出厂 10 年以上的电池没有修复再利用价值；

铅酸蓄电池出厂 10 年以内的依据变电站运行记录进行判定：1～2 年的电池属于轻度劣化电池，3～5 年属于的电池属于中度劣化电池，6～8 年的电池属于重度劣化电池，8 年以上不具有修复价值。

5.2　电池外观状态

电池不存在机械性损坏，无外壳鼓胀破裂、电解液渗漏现象，摇晃蓄电池无异响，电池外壳形变程度不超过 5%。

5.3　电池电压

测量蓄电池开路电压，单体电池的开路电压小于 0.3V，无修复利用价值。

单体电池的开路电压小于 1.6V，根据附表可知，其内部已出现部分断格或短路不建议进行修复。

5.4　电池电解液比重

电池电解液的比重基本控制在 $1.10g/cm^3$～$1.28g/cm^3$，不超过 $1.33g/cm^3$，否则需补水调整后再进行修复。

5.5　电池容量

按 10h 率容量测量，恒流放电的实测容量低于额定容量 40%的电池，修复后负载电压在 1.9V 以下迅速下降，不考虑修复价值。

5.6　电池内阻

退运电池由于性能衰退导致内阻会有增加，但是内阻过大的电池不能修复利用，通过内阻仪，对电芯内阻超过额定内阻标准 200%，不建议修复。

5.7　其他

用活性剂修复过的电池，因引入其他物质，不进行二次修复。

附表　　　　　　　　　　　　电池开路电压和存电量的关系

存电量（%）	100	75	50	25	0
蓄电池电压（V）	＞2.20	2.10	2.00	1.90	＜1.80

蓄电池开路电压可以反映蓄电池的存电程度，刚放完电的电池，开路电压应≥1.70V。

附录 B

失效铅酸蓄电池修复导则
（节选）

Guide for Repairing Failure Lead-acid Battery

目　次

失效铅酸蓄电池修复导则

1 适用范围

本导则适用铅酸蓄电池的修复技术及修复电池的检测,规定了变电站直流系统电池运维、检修策略的制定原则。

本导则适用于变电站直流系统及通信系统退运或异常更换的失效铅酸蓄电池。

2 规范性引用文件

下列文件中的条款通过本标准的引用而成为本导则的条款。凡是注日期的引用文件,其随后所有的修改单(不包括勘误的内容)或修订版均不适用于本导则,然而,鼓励根据本导则达成协议的各方研究是否可使用这些文件的最新版本。凡是不注日期的引用文件,其最新版本适用于本导则。

GB/T 2900.41—2008　　　　电工术语原电池和蓄电池
GB 13337.1—1991　　　　　固定型防酸式铅酸蓄电池 技术条件
DL/T 637—2019　　　　　　电力用固定型阀控式铅酸电池
GB/T 19826—2014　　　　　电力工程直流电源设备通用技术条件及安全要求
DL/T 724—2000　　　　　　电力系统用蓄电池直流电源装置运行与维护规程
Q/GDW 606—2011　　　　　变电站直流系统状态检修导则
Q/GDW 168—2008　　　　　输变电设备状态检修试验规程
国家电网生变电〔2010〕11 号　　电力设备带电检测技术规范(试行)

3 术语和定义

名词术语除按引用标准 GB/T 2900.41 中的规定外,增补以下名词术语:

3.1 恒流充电　constant current charge
充电电流在充电的范围内,维持在恒定值的充电。

3.2 恒压充电　constant voltage charge
充电电压维持在恒定值的充电。

3.3 浮充电　floating charge
充电装置的直流输出端始终并接着蓄电池和负载,以恒定充电方式工作。正常运行时充电装置在承担经常性负荷的同时向蓄电池补充充电,使蓄电池组以满足容量状态处于备用。

3.4 恒流放电　constant-current discharge
蓄电池在放电过程中,放电电流值始终恒定不变,直放到规定的终止电压为止。

3.5 自放电率　self-discharge rate
表征电池在开路状态下,电池所储存的电量在一定条件下的保持能力,以一定的时间衡量电池自放电占总容量的百分率。

3.6 符号 symbol

C_{10}——10 小时率额定容量，Ah；

I_{10}——10 小时率放电电流，数值为 $C_{10}/10$，A。

4 铅酸蓄电池检测及修复用装置

4.1 电压测量

测量电压用的仪器，其精度不得低于 0.5 级，使用指针式电表时，被测读数应在电表量程的 2/3 以上。

4.2 内阻测量

交流法测量内阻用的仪器，仪器精度 $0.05m\Omega$。

4.3 工业内窥镜

观察电池内部理化状态的仪器，仪器分辨率≥30 万像素。

4.4 比重计

测量电解液密度的仪器，耐酸性腐蚀，检测精度 $0.000\ 1g/cm^3$。

4.5 压力计

测量压力用的仪表，其精度不得低于 1.0 级。

4.6 充放电测试仪

为电池提供恒流或恒压充放电，充放电电压、电流波动≤2%。

4.7 脉冲充电机

为电池提供脉冲充放电，充放电模式变化三种以上。

4.8 其他修复用具

包括量筒、玻璃器皿、耐酸碱手套、水浴槽等修复过程中常用到的工具。

5 评判依据及指标

5.1 电池不存在机械性损坏，无外壳鼓胀破裂、电解液渗漏现象，摇晃蓄电池无异响，外壳形变不超过 5%，或无电池内部连接极柱发生断路、短路现象等。

5.2 使用年限不超过 8 年的电池，采用内窥镜检查，确认电池内部极板完好无损，无极板变形与板栅严重腐蚀、无铅膏脱落造成的短路，电极未出现铅膏脱落、极耳严重腐蚀、极板短路和内部连接极柱断路等现象。

5.3 检查是否缺水：充电后，由于硫酸浓度比失水前高，开路电压较高；电池电压达到 2.2V 应考虑失水情况。

5.4 电池出现下列情况可以认为电池已出现硫化：

1）电池容量降低，电压下降 0.1V 放出电量＜0.5Ah；

2）电解液密度低于 $1.10g/cm^3$；

3）充电时过早产生气泡或开始充电就产生气泡（开口电池）；

对于硫化电池劣化情况轻重，一般根据电池运行年限按运行 1～2 年，3～5 年，6～8 年的情况进行分类用不同方法进行修复。

6 失效铅酸蓄电池复原评价指标体系

经修复的电池，电池内阻不超过原内阻的 150%，剩余容量达到额定容量的 90%，其自放电速率每月不大于 5%。

7 铅酸蓄电池修复程序

符合 5 中评判依据的废电池采用如下程序进行修复：

7.1 打开电池的上盖片和安全阀，采用内窥镜检查电池是否存在失水现象，若存在失水现象，加入一定量去离子水（一般情况下，按电池容量 100Ah 每个单体加入 90mL～130mL 计）。加水后需再次检查，确保液面不超过隔膜，静置 6～10h 后抽取可能多余的流动液体，确保隔膜充分湿润但是没有流动液体为宜。

7.2 对于运行 1～2 年的轻度硫化电池，主要采用补水后小电流深度充放电来激活电池，实现修复。

对于剩余电量为额定容量的 50%～80% 的电池，在完成了补水及常规的完全充电以后，采取如下充电程序进行修复：

1）首先采用 I_{10} 恒流充电 5 小时，静置 0.5h;

2）再用 0.8 I_{10} 恒流充电 4h，静置 0.5h;

3）再用 0.5 I_{10} 恒流充电 5h，静置 1h;

4）最后用 0.3 I_{10} 恒流充电 4h，结束;

5）恒流放电采用标准放电程序 I_{10} 恒流放电至单格电压 1.8V;

6）若经上述步骤电池电量未恢复至 90% 以上电量的，按照上述程序再进行一次修复充电。

经多次循环，电池容量恢复至额定容量的 100% 左右时，结束充放电循环，完全充电静止 2～4h 以后抽取可能多余的流动液体，确保隔膜充分湿润但是没有流动液体为宜。然后采用 I_{10} 进行一次充放电，标定电池容量，将电池充满存放。

标定后的电池，置于 25℃ 环境下存放，30 天后再次采用 I_{10} 进行一次放电测试，终止电压为 1.8V，放电容量大于等于标定容量的 95% 的电池，符合回用的标准。

7.3 对于运行 3～5 年的中度硫化电池，对于剩余电量介于额定容量的 30%～50% 的电池，在完成了补水以后，需增加一个纳米活化剂强化修复程序，具体操作如下：

经过常规充放电步骤后，补加一定量活化剂溶液，直接采用 1.5 I_{10} 电流过充电 3h，带电抽为贫液式；再按上述方法加液，改用 I_{10} 电流过充电 2h，带电抽为贫液式；再加液，改用 0.5 I_{10} 电流过充电 1h（期间将游离电解液抽至贫液态后）停止，然后进行放电，对电池进行活化，保证电池隔板处于湿润状态，用 I_{10} 充电 7h 后，采取如下步骤进行修复：

1）先用 0.5 I_{10} 恒流充电 2h，再用 I_{10} 恒流充电 2h，静置 0.5h;

2）再用 I_{10} 恒流充电 7h，静置 0.5h;

3）再用 0.8 I_{10} 恒流充电 3h，静置 1h;

4）再用 0.5 I_{10} 恒流充电 3h，静置 0.5h;

5）最后用 0.3 I_{10} 恒流充电 5h，结束。

6）若经上述步骤电池电量未恢复至 90%以上电量的，按照上述程序再进行一次修复充电经多次循环，电池容量恢复至额定容量的 90%以上时，结束充放电循环，完全充电静止 2～4h 以后抽取可能多余的流动液体，确保隔膜充分湿润但是没有流动液体为宜。然后采用 I_{10} 进行一次充放电，标定电池容量，将电池充满存放。

并标定电池容量和进行自放电测试，容量和自放电速率符合标准要求。

7.4　对于运行 6～8 年的重度硫化电池，主要采用补水以及电池进行常规充电后，利用脉冲充电机对电池施加 3～5 周长期物理脉冲以激活电池，再按 7.2 步骤进行三阶段恒流恒压方式的充放电循环，并标定电池容量和进行自放电测试，容量和自放电速率符合标准要求。

7.5　在充电活化过程中，若蓄电池有发热现象，需要将电池放入循环冷却水浴槽中散热充电，使蓄电池内电解液的温度不超过 40℃。

7.6　经修复符合回用要求的电池，将电池气孔盖重新复位，固定，恢复后确认电池的开闭阀压力符合标准要求。

7.7　全部修复过程严格遵守国网公司安全操作要求。